U0248904

本书系湖北省社会科学基金一般项目"马克思恩格斯生态文明思想及其中国化演进研究"（项目编号：2020Z009）和华中农业大学马克思主义学院青年教师科研项目"习近平生态文明思想的原创性理论贡献研究"（项目编号：140522019）的研究成果之一

新时代生态文明建设理论研究

Study on the Theory of
Ecological Civilization Construction in the New Era

江丽　著

WUHAN UNIVERSITY PRESS
武汉大学出版社

图书在版编目(CIP)数据

新时代生态文明建设理论研究 / 江丽著 . -- 武汉 ：武汉大学出版社, 2024. 11. -- ISBN 978-7-307-24576-1

Ⅰ. X321.2

中国国家版本馆 CIP 数据核字第 20246P41Z5 号

责任编辑:聂勇军　　　责任校对:杨　欢　　　版式设计:马　佳

出版发行: **武汉大学出版社** 　（430072　武昌　珞珈山）

（电子邮箱：cbs22@ whu.edu.cn　网址：www.wdp.com.cn）

印刷:武汉图物印刷有限公司

开本:720×1000　1/16　印张:14.5　字数:213 千字　插页:2

版次:2024 年 11 月第 1 版　　2024 年 11 月第 1 次印刷

ISBN 978-7-307-24576-1　　定价:59.00 元

目　　录

绪　论

　　生态文明建设，关系人类未来，关系人类的永续发展。坚定走生态文明之路，源自对人类文明发展规律的深邃思考。习近平总书记深刻指出："生态兴则文明兴，生态衰则文明衰。"①自然生态是人类生存和发展的前提和基础，自然生态的变化直接影响人类文明的兴衰，这就科学回答了自然生态与人类文明之间的关系，深刻揭示二者命运与共、兴衰相依的规律。文明人和他们所创造的文明，曾经兴盛繁荣、光照人类，如今许多文明或埋藏在沙漠下，或遗留在荒野中，或成为历史陈迹，楼兰文明的陨落、两河流域文明的消亡、地中海文明的演变、玛雅文明的灭亡等就是最有力的例证。这些消失的文明之所以消失，究其根源就在于生态环境的恶化，使人们迫于生存而迁徙，从而失去了赖以栖息的家园。由此可见，生态环境与人类文明之间共荣共衰的关系是人类历史演变的一条铁律，现代文明的消失也不例外。伴随历史的车轮驶入工业文明时代，人类在创造巨大物质财富的同时，也加速了对自然资源的恣意攫取和疯狂掠夺，打破了地球生态系统之间环环相扣的动态平衡，人与自然之间深层次矛盾日益显现，人类赖以生存的地球家园变得伤痕累累。正如马克思所说的那样："在我们这个时代，每一种事物好像都包含有自己的反面……随着人类愈益控制自然，个人却似乎愈益成为别人的奴隶或自身的卑劣行为的奴

---

① 习近平. 论坚持人与自然和谐共生[M]. 北京：中央文献出版社，2022：2.

隶。"①放眼世界，世界多极化和经济全球化的深入发展，也加剧了生态问题的全球化。资本主义在推动全球化的过程中导致了生态问题向全球扩散和转移的态势，引发了全球性的生态危机，全球气温上升、臭氧层破坏、水资源枯竭、土地荒漠化、极端天气频发、海洋污染、固体废弃物污染、生物多样性减少等生态环境问题威胁着世界各国及各族人民的可持续发展和人类的未来前途命运。全球生态危机犹如一把悬挂在人类头上的达摩克利斯之剑，时刻给人类敲响环境保护的生态警钟，应对全球生态环境问题迫在眉睫，推进全球生态文明建设刻不容缓。而人类面临的全球性生态环境问题，任何一个国家想单打独斗根本无法解决，必须开展全球行动、全球应对、全球合作。习近平总书记多次在重大国际场合呼吁积极构建人类命运共同体，针对全球生态环境问题这一"类危机"，突出强调"类意识""类生存"的先进理念，通过"类合作""类行动"的扎实推行，从而达成"类发展""类共赢"的美好未来。

生态文明建设，关系民族未来，关系中华民族的伟大复兴。坚定走生态文明之路，源自对中华民族未来永续发展的战略思考。党的十八大以来，习近平同志成为党中央的核心和全党的核心。他以马克思主义战略家和理论家的非凡智慧和远见卓识，高度重视生态文明建设。党的十八大报告把生态文明建设纳入社会主义事业"五位一体"总体布局，明确提出大力推进生态文明建设，努力建设美丽中国，实现中华民族永续发展，并明确提出努力走向生态文明新时代，为人民创造良好生产生活环境的战略任务。习近平总书记在致生态文明贵阳国际论坛 2013 年年会的贺信中明确指出："走向生态文明新时代，建设美丽中国，是实现中华民族伟大复兴的中国梦的重要内容。"②由此可见，生态文明建设是实现中国梦的题中应有之义。2017 年，在中国共产党第十九次全国代表大会上，习近平总书记深

---

① 马克思恩格斯文集(第 2 卷)[M]. 北京：人民出版社，2009：580.
② 习近平谈治国理政[M]. 北京：外文出版社，2014：211.

刻指出："建设生态文明是中华民族永续发展的千年大计"①，"生态文明建设功在当代、利在千秋。我们要牢固树立社会主义生态文明观，推动形成人与自然和谐发展现代化建设新格局，为保护生态环境作出我们这代人的努力"②！他明确指出："坚持和发展中国特色社会主义，总任务是实现社会主义现代化和中华民族伟大复兴，在全面建成小康社会的基础上，分两步走( )在本世纪中叶建成富强民主文明和谐美丽的社会主义现代化强国"③，第一次把"美丽"二字并入社会主义现代化强国的建设目标，这即是说，现代化强国目标不仅有经济维度、政治维度、文化维度、社会维度，还增加了"美丽"这一生态维度，同时还寓意着要把推进生态文明建设和实现美丽中国目标放在实现中华民族伟大复兴的历史维度中去考量，充分彰显了新时代中国共产党人的初心使命和担当情怀。

2018 年 5 月 18 日至 19 日，全国生态环境保护大会在北京召开。这是我国生态环境保护和生态文明建设历程中一次规格最高、规模最大、影响最广、意义最深的历史性盛会，这次大会最大的亮点就是形成了"一个标志性成果"，即确立了习近平生态文明思想。习近平生态文明思想从中华文化中汲取生态智慧，顺应时代潮流和人民意愿，站在坚持和发展中国特色社会主义、实现中华民族伟大复兴中国梦的战略高度，为推动生态文明建设，实现人与自然和谐发展的现代化提供了科学的思想指引和强大的实践动力。2019 年 3 月 5 日，习近平总书记在参加十三届全国人大二次会议内蒙古代表团审议时就生态文明建设的战略地位首次提出了"四个一"的重要判断，即，生态文明建设是"五位一体"总体布局中的一位，坚持人与自然和谐共生是新时代坚持和发展中国特色社会主义基本方略中的一条重要方略，绿色发展是新发展理念当中的一项重要理念，污染防治是三大攻坚战中的重要一战。2021 年 4 月 30 日，习近平总书记在主持中共中央政治

---

① 习近平著作选读(第 2 卷)[M]. 北京：人民出版社，2023：20.
② 习近平著作选读(第 2 卷)[M]. 北京：人民出版社，2023：43.
③ 习近平著作选读(第 2 卷)[M]. 北京：人民出版社，2023：16.

局第二十九次集体学习时，在"四个一"的基础上指出，美丽中国是 21 世纪中叶建成富强民主文明和谐美丽的社会主义现代化强国目标中的一项重要目标，换句话说，在到本世纪中叶建成社会主义现代化强国目标中，美丽中国是其中一个，由此形成了"五个一"的重要论断，这"五个一"充分彰显了生态文明建设在党和国家事业中的战略地位，体现了我们党对生态文明建设规律的深刻把握，进一步深化了我们党对社会主义建设规律的深刻认识。

　　2022 年 10 月 16 日，在中国共产党第二十次全国代表大会上，习近平总书记向全党指出："从现在起，中国共产党的中心任务就是团结带领全国各族人民全面建成社会主义现代化强国、实现第二个百年奋斗目标，以中国式现代化全面推进中华民族伟大复兴。"①会议明确"中国式现代化是人与自然和谐共生的现代化"，"我们坚持可持续发展，坚持节约优先、保护优先、自然恢复为主的方针，像保护眼睛一样保护自然和生态环境，坚定不移走生产发展、生活富裕、生态良好的文明发展道路，实现中华民族永续发展"②。报告在充分肯定生态文明建设成就的基础上，从统筹产业结构调整、污染治理、生态保护、应对气候变化等多角度，全面系统阐述了我国持续推动生态文明建设的战略思路与方法，并对未来生态环境保护提出一系列新观点、新要求、新方向和新部署。2023 年 7 月 17 日至 18 日，全国生态环境保护大会在北京再次召开。习近平总书记出席会议并发表重要讲话，强调今后 5 年是美丽中国建设的重要时期，要深入贯彻新时代中国特色社会主义生态文明思想，坚持以人民为中心，牢固树立和践行绿水青山就是金山银山的理念，把建设美丽中国摆在强国建设、民族复兴的突出位置，推动城乡人居环境明显改善、美丽中国建设取得显著成效，以高品质生态环境支撑高质量发展，加快推进人与自然和谐共生的现代化。

　　生态文明建设，关系人民福祉，关系人民的美好生活品质。坚定走生

---

①　习近平著作选读(第 1 卷)[M].北京：人民出版社，2023：18.
②　习近平著作选读(第 1 卷)[M].北京：人民出版社，2023：19.

态文明之路，源自中国共产党对人民美好幸福生活的庄严承诺。人民对优美生态环境的需要既是实现国家富强和民族振兴的根本出发点，也是动员全体人民共同建设美丽中国的重要因素，更是实现人民美好生活和幸福生活的最终落脚点。随着中国特色社会主义进入新时代，我国社会主要矛盾转化为人民日益增长的美好生活需要和不平衡不充分的发展之间的矛盾，人民群众对美好生活的需要特别是对优美生态环境的需要越来越成为直接影响他们生活水平、生活质量乃至生活品质的一个不可忽视的重要因素。坚持问题导向是马克思主义的鲜明特点。马克思明确指出，"问题就是时代的口号，是它表现自己精神状态的最实际的呼声"，并强调"真正的批判要分析的不是答案，而是问题"①。习近平总书记强调指出："问题是时代的声音，回答并指导解决问题是理论的根本任务。"②改革开放40多年快速发展所积累的生态环境问题十分突出，资源和环境的承载能力已经达到或者接近上限，难以承载高消耗、高污染、高能耗的粗放型经济发展了。老百姓意见大、怨言多、期待高，生态环境破坏和污染不仅影响经济社会的可持续发展，而且严重影响人民对优美生态环境的新要求，进而对人民群众的身心健康产生重要影响。由此可见，过于强调经济的快速发展，不重视转变经济发展方式，老百姓势必会滋生不满情绪，其幸福感也会大打折扣，从而影响社会稳定和社会和谐。习近平总书记明确指出："经过三十多年快速发展积累下来的环境问题进入了高强度频发阶段。这既是重大经济问题，也是重大社会和政治问题。"③党的十八大以来，习近平总书记深刻披露了我国经济快速发展过程中所引发的各类生态环境问题，如雾霾天气、饮水安全、土壤重金属含量过高等，群众反应强烈，社会关注度高，提出要加快形成绿色低碳的生产生活方式，真正下决心把环境污染治理

---

①　马克思恩格斯全集(第40卷)[M].北京：人民出版社，1982：289-290.

②　习近平著作选读(第1卷)[M].北京：人民出版社，2023：17.

③　中共中央文献研究室.习近平关于社会主义生态文明建设论述摘编[M].北京：中央文献出版社，2017：4.

好，把生态环境建设好，为人民创造良好的生产生活环境。生态环境的恶化使得人民群众对优美生态产品的渴望越来越强烈，无论在广大的城市还是广袤的农村，人民群众对吃上安心放心的食物、喝上干净的水、呼吸上新鲜的空气等生态产品需求和身心健康需求都极度渴望，他们渴望远离浓烟重霾、臭水脏土、垃圾污物，期盼拥有蓝天白云、繁星闪烁、清水绿岸、鱼翔浅底、鸟语花香等沁人心脾的优美生态环境。由此可见，打造良好的生态环境，改善城乡居民的人居环境，不仅是我们党的性质和宗旨、初心和使命的重要体现，也是关系到人民群众切身生态权益的基本需要，更是实现人民群众最普惠民生福祉的必然要求。回应人民群众对更优美环境的新期盼，就要坚决打赢蓝天保卫战，"还老百姓蓝天白云、繁星闪烁"；要下大力气治理水环境污染，"还给老百姓清水绿岸、鱼翔浅底的景象"；要扩大城乡绿色空间，为人民群众植树造林，"努力打造青山常在、绿水长流、空气常新的美丽中国"；要抓紧解决城市黑臭水体、机动车排放污染等突出问题，"把城市建设成为人与人、人与自然和谐共处的美丽家园"；要多措并举推动农村环境整治，加快改变"脏乱差"的面貌，"为老百姓留住鸟语花香田园风光"等。经过新时代十多年来的不懈努力，各地区各部门以壮士断腕的勇气，坚决向污染宣战，秉持"绿水青山就是金山银山"理念，以高水平保护推动高质量发展，创造高品质生活，我们的祖国天更蓝、山更绿、水更清，老百姓生态环境的幸福感、获得感和安全感都显著增强，这是对"人不负青山，青山定不负人"的最生动注解。

马克思深刻指出："理论在一个国家实现的程度，总是取决于理论满足这个国家的需要的程度。"①这就深刻阐明了理论需要、理论实现与一个国家发展的内在关联。党的十八大以来，我国生态文明建设和生态环境保护所取得的历史性成就，是在习近平生态文明思想的指导下，党带领人民群众以前所未有的力度抓生态文明建设，从思想、法律、体制、组织、作

---

① 马克思恩格斯文集(第 1 卷)[M]. 北京：人民出版社，2009：12.

风上全面发力，开展了一系列根本性、开创性、长远性工作，推动生态文明建设和生态环境保护发生了历史性、转折性、全局性的变化，全党全国推动绿色发展的自觉性和主动性显著增强，创造了举世瞩目的生态奇迹和绿色发展奇迹，走出了一条生产发展、生活富裕、生态良好的文明发展之路，美丽中国建设迈出重大步伐。有学者提出，中国特色社会主义所需要的理论主要包括：一是把马克思主义基本原理与中国具体实际有机结合的理论；二是以改革开放和现代化建设的实际问题、以我们正在做的事情为中心的理论；三是积极回应实践呼唤并不断总结提炼实践经验的理论；四是坚持以人民为中心、践行全心全意为人民服务根本宗旨的理论；五是有效抵御错误思潮和错误观念、培育和践行社会主义核心价值观的理论。① 习近平生态文明思想继承和发展了马克思主义关于人与自然关系的思想，直面我国现代化进程中经济发展与环境保护的"两难"悖论，回应新时代社会主要矛盾解决的现实诉求，致力于人民群众对优美生态环境的民生目标，还凝结着对发展人类文明、建设清洁美丽世界的深刻洞见。因此，习近平生态文明思想满足了客观现实和社会实践的需要，其根基深深扎根于当代中国的现实土壤中，其内容蕴含于当代中国改革开放的伟大实践中，其价值体现于立足中国又放眼全球的伟大时代中。

习近平总书记在哲学社会科学工作座谈会上指出："这是一个需要理论而且一定能够产生理论的时代，这是一个需要思想而且一定能够产生思想的时代。"② 习近平生态文明思想应实践需要而生，源于实践，又指导实践，并在指导实践的过程中不断得到丰富和发展，具有强大的理论穿透力和现实解释力，开拓了中国共产党人关于生态文明认识的新视野和新境界。习近平生态文明思想体系完备、内涵丰富、语言生动、融通中外、视野宏阔，认真领会并挖掘阐释其理论内涵本是马克思主义理论工作者义不容辞的责任和义务。本书以习近平总书记在全国生态环境保护大会上提出

① 商志晓. 理论需要与理论实现[N]. 光明日报，2020-10-19(15).
② 习近平在哲学社会科学工作座谈会上的讲话[N]. 人民日报，2016-05-19(2).

的"六项原则"为基本线索，构建"新时代生态文明建设理论研究"的基本框架并撰写成书，旨在阐释其广博而深邃的思想体系，为大力推进生态文明建设和美丽中国建设提供智力支持，为"把我国建成富强民主文明和谐美丽的社会主义现代化强国"①尽我们的一份绵薄之力。

---

① 习近平著作选读（第1卷）[M]．北京：人民出版社，2023：20.

第一章　科学自然观：坚持人与自然和谐共生

　　人与自然的关系是人类社会生存与发展最基本的关系。习近平总书记在党的十九大报告中首次将"坚持人与自然和谐共生"纳入到新时代坚持和发展中国特色社会主义的基本方略中，明确指出"我们要建设的现代化是人与自然和谐共生的现代化"①。在党的二十大报告中，习近平总书记鲜明指出："大自然是人类赖以生存发展的基本条件。尊重自然、顺应自然、保护自然，是全面建设社会主义现代化国家的内在要求。"②可见，坚持人与自然和谐共生，既是着眼于人类生存与发展的题中之义，同时也蕴含着中国式现代化目标的生态维度，预示着中国特色社会主义现代化国家的美好生态愿景。坚持人与自然和谐共生作为新时代生态文明建设理论的核心内容，这一科学自然观既是对马克思主义关于人与自然关系思想的继承和发展，也是对中华优秀传统生态智慧的创造性转化和创新型发展。习近平总书记善于从古今中外的历史中吸取经验教训，提出了"生态兴则文明兴，生态衰则文明衰"的著名论断，指明了生态环境与人类文明命运与共、兴衰共存的辩证关系，充分体现了中国共产党人对自然发展规律、社会发展规律以及人类文明发展规律的深刻认识，丰富和发展了马克思主义的生态观和文明观，彰显了中国共产党人致力于中华民族永续发展千年大计的历史担当，必将为世界生态文明建设贡献更多的中国智慧和中国方案。

---

①　习近平谈治国理政(第三卷)[M]. 北京：外文出版社，2020：39.
②　习近平著作选读(第1卷)[M]. 北京：人民出版社，2023：41.

第一节 对马克思主义人与自然关系思想的继承和发展

马克思主义关于人与自然关系的思想是习近平生态文明思想的理论来源和逻辑起点。马克思主义的创始人马克思和他的挚友恩格斯在考察自然史和人类史时，对费尔巴哈旧唯物主义自然观和黑格尔唯心主义自然观进行了集中批判，把辩证法成功运用于唯物主义自然观和历史观，以整体论和系统论的思维方法，始终把"自然—人—社会"作为一个有机整体，对以实践为基础的人与自然的关系以及人与人的社会关系进行了系统阐发，形成了较为全面而深刻的生态观。2018 年 5 月 4 日，习近平总书记在纪念马克思诞辰 200 周年大会上明确指出："学习马克思，就要学习和实践马克思主义关于人与自然关系的思想。马克思认为，'人靠自然界生活'，自然不仅给人类提供了生活资料来源……而且给人类提供了生产资料来源。自然物构成人类生存的自然条件，人类在同自然的互动中生产、生活、发展，人类善待自然，自然也会馈赠人类，但'如果说人靠科学和创造性天才征服了自然力，那么自然力也对人进行报复'。"①马克思深刻揭示了人类的生存与发展离不开自然界和自然规律的不可抗拒性这一唯物史观的基本原理。马克思主义生态观是中国共产党人研究和讨论人、自然、社会三者关系的基础，中国共产党人对马克思主义生态观的中国化时代化的不断推进是保持其生命力永不枯竭的源泉。理论的生命力在于不断创新，推动马克思主义不断发展是中国共产党人的神圣职责。以习近平同志为核心的党中央，立足中国国情和生态环境现状，继承和发展了马克思主义生态观的理论精髓，为习近平生态文明思想的最终确立提供了坚实的哲学基础。

一、对客体自然的先在性和制约性的继承和发展

马克思、恩格斯从实践唯物主义的基本立场出发，系统阐发了人与自

---

① 习近平著作选读(第 2 卷)[M]. 北京：人民出版社，2023：165.

然、人与人及人与社会之间的关系，提出了"自然—人—社会"有机一体的生态观。自然优先性是马克思主义生态观的首要之义，是马克思建构人与自然关系的先决条件。习近平总书记延续了这一思想，明确指出："大自然是包括人在内一切生物的摇篮，是人类赖以生存发展的基本条件。大自然孕育抚养了人类，人类应该以自然为根，尊重自然、顺应自然、保护自然。不尊重自然，违背自然规律，只会遭到自然报复。"①

第一，人不但是自然界的一部分，也是自然界长期发展的产物。不管是从历史长度还是人类生成过程来看，自然界都远远早于人而产生，人就是大自然的产物。在《1844 年经济学哲学手稿》中，马克思一方面指出："历史本身是自然史的一个现实部分，即自然界生成为人这一过程的一个现实部分。"②另一方面又指出，正是在这个以自然界为前提或为现实部分，人类的"整个所谓世界历史不外是人通过人的劳动而诞生的过程，是自然界对人来说的生成过程，所以关于他通过自身而诞生、关于他的形成过程，他有直观的、无可辩驳的证明"③。恩格斯考察了人类的起源，并指出从自然界中分化的人类，曾经历了异常漫长的历史发展过程。他说："人也是由分化而产生的。不仅从个体方面来说是如此——从一个单独的卵细胞分化为自然界所产生的最复杂的有机体，而且从历史方面来说也是如此。"④由此可见，自然史和人类史已经雄辩地证明了自然界的先在性，自然界先于人类而客观存在，人类从自然界分化出来以后，便开启了人类社会的历史。

第二，自然是人的无机身体，人类的生存和发展离不开自然界。人是自然界的产物决定了人只能依靠自然界生活，没有自然界就不可能有人的生长和繁衍。为了维系自身肉体的存在，人类须臾也离不开自然界。人的一切，无论是肉体还是精神，都只有依赖于自然界才能现实地生成，人的

---

① 习近平. 论坚持人与自然和谐共生[M]. 北京：中央文献出版社，2022：275.
② 马克思恩格斯文集(第 1 卷)[M]. 北京：人民出版社，2009：194.
③ 马克思恩格斯文集(第 1 卷)[M]. 北京：人民出版社，2009：196.
④ 马克思恩格斯文集(第 9 卷)[M]. 北京：人民出版社，2009：421.

物质生活和精神生活均依赖于自然界。马克思一针见血地指出："自然界，就它自身不是人的身体而言，是人的无机的身体。人靠自然界生活。这就是说，自然界是人为了不致死亡而必须与之处于持续不断的交互作用过程的、人的身体。"①一方面，大自然是人的衣食父母，人的肉身的生存和成长需要依靠自然界提供的各种生活资料来维持，而后人才能进行创造，若没有自然，也就无所谓创造。"人在肉体上只有靠这些自然产品才能生活，不管这些产品是以食物、燃料、衣着的形式还是以住房等等的形式表现出来。"②另一方面，人的精神生活也与自然界息息相关。大自然的美培育人的审美，丰富人的精神世界，给予人智慧启迪和精神力量。自然界，"作为自然科学的对象……作为艺术的对象，都是人的意识的一部分，是人的精神的无机界，是人必须事先进行加工以便享用和消化的精神食粮"③。习近平总书记进一步延续了马克思关于自然是人的精神食粮这一观点，并明确提出"绿水青山是人民幸福生活的重要内容"④这一论断，这即是说，优美的自然生态环境是人类美好生活乃至幸福生活的重要依托。

第三，正确认识和利用自然规律，防止自然界对人类的无情报复。恩格斯指出人与其他动物最本质区别在于，动物仅仅是利用外部自然界，而人则可以通过劳动实践使自然界为自身目的服务并支配自然界。但是，人在自然面前的主动性和能动性的发挥，必须以尊重自然规律为前提。一旦人类的活动超出了大自然所能承受的阈值，自然界或早或迟会给人类以惩罚和报复。恩格斯指出："我们不要过分陶醉于我们人类对自然界的胜利。对于每一次这样的胜利，自然界都对我们进行报复。"⑤尽管人能在认识自然规律的基础上运用自然规律，但由于受到一系列主客观条件的约束，人

---

① 马克思恩格斯文集(第1卷)[M]. 北京：人民出版社，2009：161.
② 马克思恩格斯文集(第1卷)[M]. 北京：人民出版社，2009：161.
③ 马克思恩格斯文集(第1卷)[M]. 北京：人民出版社，2009：161.
④ 习近平. 论坚持人与自然和谐共生[M]. 北京：中央文献出版社，2022：26-27.
⑤ 马克思恩格斯文集(第9卷)[M]. 北京：人民出版社，2009：559-560.

不可能充分认识到自然界的全部规律，也不具备拥有消除或创造自然规律的能力。人类如果高傲地以为掌握了所有的自然规律，得意于对自然界短暂的胜利，失去对自然界的敬畏，破坏了人与自然关系的动态平衡，那么自然界对人类的疯狂反扑也将随之而来，人类的最终结局必定是悲惨的。这就是说，人类对自然界的整个支配作用必须以正确认识和合理利用自然规律为前提。人类的发展必须与自然规律相一致，遵守客观自然规律是人作用于自然界，达到与自然和谐共存的前提。人类在物质生产过程中，要摆正对自然界的态度，即要以尊重、爱护、谦敬、尽责的态度对待自然，顺应地球生物圈的生态平衡规律，控制好生产和消费的度，绝不能越过生态系统的承受边界。

二、对主体人的能动性和创造性的继承和发展

人类实践活动以自然界为认识对象和改造对象，自然界对人具有先在性，这就决定了人类在改造自然时总是受到自然规律的支配。马克思指出，一方面，"人作为自然的、肉体的、感性的、对象性的存在物……是受动的、受制约的和受限制的存在物"①。这说明，人类要想认识和改造自然界，必须时刻意识到自身能动性的发挥首先取决于对自然的受动性的认识程度。另一方面，人还是"人的自然存在物"，是"自为地存在着的存在物"，是"类存在物"②，如此才使人从自然界中脱颖而出，与其他动物在本质上相区别。当人们逐渐深谙自身于自然的这种受动性和能动性，就会明了这种受动性并非是一种束缚，这是"按人的方式来理解的受动"，是"人的一种自我享受"③。正是由于这种受动性，才使人在发挥自身主动性、能动性和创造性时，能够时时处处将遵循自然规律、按客观规律办事牢记于心，合理利用和改造自然界，进而实现人与自然之间的高度和谐。习近平总书记更加通俗地讲道："当人类友好保护自然时，自然的回报是

① 马克思恩格斯文集(第1卷)[M]. 北京：人民出版社，2009：209.
② 马克思恩格斯文集(第1卷)[M]. 北京：人民出版社，2009：211.
③ 马克思恩格斯文集(第1卷)[M]. 北京：人民出版社，2009：189.

慷慨的；当人类粗暴掠夺自然时，自然的惩罚也是无情的。我们要深怀对自然的敬畏之心，尊重自然、顺应自然、保护自然，构建人与自然和谐共生的地球家园。"①

首先，坚持"主体是人，客体是自然"，对人类主体的能动性和创造性给予充分肯定。主体和客体是马克思用来描述人与自然的实践关系的两个哲学范畴。人类是主体，自然是客体，是因为人类具有主动性和创造性的特征和功能，在现实活动中处于积极的主导地位，而自然在人类实践活动中具有被支配的特点，处于被动的位置。马克思指出，人作为有意识的类存在物，具有自主性和能动性，在劳动实践活动中不断改变自然界的面貌，能够实现"人化自然"，这是人类主体性的鲜明体现。正如他所说的那样："劳动的对象是人的类生活的对象化：人不仅像在意识中那样在精神上使自己二重化，而且能动地、现实地使自己二重化，从而在他所创造的世界中直观自身。"②这是人的自由自觉的生命活动，因此，在人与自然的现实关系上，人类更应主动地担负起调节人与自然关系的责任。人类主体性原则也是习近平总书记提出各种生态政策和措施的出发点和立足点，保护、修复自然的目的只能通过改变人类自己的行为方式来实现。正如习近平总书记指出的，美丽中国建设离不开每一个人的努力，生态文明建设一定要形成全社会的生态保护自觉行动，要"大力增强全社会节约意识、环保意识、生态意识"③，要"全国动员、全民动手"④。这正是人类主体性原则在当代中国生态文明建设中的生动体现。人类的主体性原则决定了人类要主动担负起调节人与自然关系的生态责任，自觉支配和改变其自身行为，以减少对自然资源的消耗和生态环境的污染问题。

其次，主张合理运用现代科学技术，这是发挥人类主体的能动性和创

①　习近平. 论坚持人与自然和谐共生[M]. 北京：中央文献出版社，2022：292.
②　马克思恩格斯文集(第 1 卷)[M]. 北京：人民出版社，2009：163.
③　习近平. 论坚持人与自然和谐共生[M]. 北京：中央文献出版社，2022：27.
④　中共中央文献研究室. 习近平关于社会主义生态文明建设论述摘编[M]. 北京：中央文献出版社，2017：119.

造性的重要手段。马克思、恩格斯高度关注科学技术的发展和合理应用，提出在科学进步的基础上调节和控制人与自然之间的物质关系的主张。在《资本论》第三卷中，马克思阐明了现代科学技术进步的必要性，提出了利用科学技术进步实现对物质的有效开发和废弃物的真正利用的思想。以生产排泄物为例，马克思深刻指出："科学的进步，特别是化学的进步，发现了那些废物的有用性质"①；"化学工业……不仅找到新的方法来利用本工业的废料，而且还利用其他各种各样工业的废料"②；"机器的改良，使那些在原有形式上本来不能利用的物质，获得一种在新的生产中可以利用的形态"③。他还阐述了消费排泄物及其利用问题，提出了通过城市与乡村的融合，建立城乡之间、工农业之间物质交换的闭路循环的重要思想。从马克思主义生态科技思想来看，治理和改善自然环境必须具备先进的物质基础和技术基础，环境问题的有效解决也有赖于现代科技的进步和创新发展。

最后，主张按人的方式同人发生关系。马克思主义主体性原则中包含着丰富的人学思想，马克思通过考察资本主义社会工人劳动的片面性和异化的事实，指明异化劳动使劳动者成为畸形的劳动力。工人用劳动创造了产品，但是自身却不拥有享受产品的权利，而且在这个过程中使自身肉体变得畸形，以牺牲身心健康为巨大代价。因为劳动者"在自己的劳动中不是肯定自己，而是否定自己，不是感到幸福，而是感到不幸，不是自由地发挥自己的体力和智力，而是使自己的肉体受折磨、精神遭摧残"，其结果是"动物的东西成为人的东西，而人的东西成为动物的东西"④。马克思、恩格斯认为，在资本主义制度下，资本家囿于对利润的狂热追求陷入盲目的竞争，导致生产的无序，与之相联系的消费生活的严重分化，导致一面是资产阶级腰缠万贯而挥霍无度，一面却是广大工人阶级因贫困潦倒

---

①　马克思恩格斯文集(第7卷)[M]. 北京：人民出版社，2009：115.

②　马克思恩格斯文集(第7卷)[M]. 北京：人民出版社，2009：117.

③　马克思恩格斯文集(第7卷)[M]. 北京：人民出版社，2009：115.

④　马克思恩格斯文集(第1卷)[M]. 北京：人民出版社，2009：159，160.

而消费不足。在马克思、恩格斯看来，只有放弃私有制，才能彻底消除两大对立阶级的贫富悬殊，这样"不仅可能保证一切社会成员有富足的和一天比一天充裕的物质生活，而且还可能保证他们的体力和智力获得充分的自由的发展和运用"①。习近平生态文明思想继承了马克思主义人民主体性原则，贯彻以人为本的发展理念，把构建生态文明与人民美好生活紧密联系在一起，在国内提出"良好的生态环境是最公平的公共产品，是最普惠的民生福祉"②。这是第一次将人的自由全面的发展目标拓展到自然环境领域，不仅把自然或生态环境纳入基本民生保障范畴，而且还将其视为最基本、最公平的公共产品，是对人民群众切身利益的有力回应，而且在国际上提出"要心系民众对美好生活的向往，实现保护环境、发展经济、创造就业、消除贫困等多面共赢，增强各国人民的获得感、幸福感、安全感"③。各国人民对美好生活的期盼息息相通，在生存与发展权益上保持惊人一致，这是对马克思主义人学思想在生态领域的真正贯彻。

三、对人与自然之间有机一体和共生共荣的继承和发展

马克思、恩格斯在《德意志意识形态》中明确指出："全部人类历史的第一个前提无疑是有生命的个人的存在，因此，第一个需要确认的事实就是这些个人的肉体组织以及由此产生的个人对其他自然的关系。"④这就揭示了人与自然的关系在全部人类历史中居前提性地位，没有人与自然的关系，人与人、人与社会的关系就无从谈起。马克思、恩格斯通过对自然史和人类史发展历程的考察，指出自然史和人类史的相互影响和相互制约，人与自然是基于实践的具体的历史的统一，科学揭示了人与自然的关系是一种有机统一、共生共荣的生态关系。习近平总书记基于我国生态环境问题和全球生态危机形势，明确提出"人与自然是生命共同体"的科学论断，

---

① 马克思恩格斯文集(第9卷)[M].北京：人民出版社，2009：299.
② 习近平.论坚持人与自然和谐共生[M].北京：中央文献出版社，2022：26.
③ 习近平.论坚持人与自然和谐共生[M].北京：中央文献出版社，2022：293.
④ 马克思恩格斯文集(第1卷)[M].北京：人民出版社，2009：519.

对人与自然之间有机一体、和谐共生的关系的理解，既坚持和发展了马克思主义关于人与自然关系的思想，又对其进行了适合中国特色的崭新诠释，为新时代生态文明建设提供了新引擎。

一方面，马克思主义超越人类中心主义和自然中心主义，深刻提出"人道主义"和"自然主义"相统一的生态愿景。自工业革命以来生态危机凸显后，人们一直致力于寻求实现生态平衡的途径，然而，实现人与自然和谐相处并不会随着时代发展而迎刃而解，需要人类自身不断进行积极有为的实践探索。在这一探索过程中，产生了对于人与自然之间关系的不同体认，派别众多，观点各异，但有两种极端之见：一种是过于强调人类主体价值的极端"人类中心主义"，二是过于强调自然内在价值的极端"生态中心主义"。在极端"人类中心主义"生存价值观的支配下，人类作为自然的主宰者、统治者和征服者，以居高临下之势肆意攫取自然，掠夺自然，将人类主体的利益凌驾于自然之上，过于强调人类的价值主体地位，过于强调自然界对人类有用性的外在价值，无视自然界自身也有维持其独立的生态系统的内在价值，无视自然界对人类的承受能力以及自身对自然界的天然依赖关系，从而引发人与自然之间正常道德关系的破裂，这是极端错误的。当然，也不能落入极端"生态中心主义"的窠臼，一味崇尚"返璞归真"，消极被动适应自然，要求人类对自然俯首帖耳、顶礼膜拜，企图贬低人的主体地位，无视人的能动性和创造性，这也是极端错误的。无论是极端"人类中心主义"生态价值观，还是极端"生态中心主义"生态价值观，都缺乏辩证思维，它们非此即彼，各执一端，各有其片面性，都不利于人与自然关系的协调发展。马克思主义自然观积极扬弃思想陈旧的人类中心主义，理性审视盲目片面的生态中心主义，提出了"人道主义和自然主义相统一"的命题，实现了对二者的辩证超越。首先，从自然价值的角度，认为自然是内在价值和外在价值的统一。人类中心主义认为自然的价值是人赋予的，取于人还于人，不承认自然具有的内在价值。而马克思主义指出，自然界不仅对人存在客观价值，而且自然本身具有内在价值，这就否定了人类中心主义的"人是万物的尺度"的核心观点。其次，马克思指出，人是集自然属性、社会属性等多种属性于一身的完整主体，也是主体能动性和受动性相统一的主体，这就摒弃了人类中心主义强调的人类有绝对支配自然地位的观点。马克思主义主张人类应更主动地去担负维持自然界和谐、美丽与稳定的责任，有责任有义务构建人与自然的和谐关系。马克思、恩格斯通过对不同社会阶段的考察，明确指出人与自然的关系受到社会形态的制约。他们深刻揭示了资本主义生产方式以及建立在其基础之上的资本主义制度直接导致人与人、人与社会之间关系的对立与分离，进而导致人与自然关系的对立与分离。因此，要从根本上消除这种人与自然、人与人、人与社会的对立状态，必须摒弃资本主义生产方式及资本主义制度，建立以公有制为基础的共产主义社会，如此才能真正实现"自然主义和人道主义的统一"，这是人和自然界之间、人和人之间的矛盾的真正解决。马克思、恩格斯从历史的视角对人与自然之间关系的辩证理解，为人类走出极端"人类中心主义"和极端"生态中心主义"的片面价值观提供了重要的理论批判武器，也为人类克服征服自然的狂妄自大与目光短浅，摆正自身在自然界中的地位与作用提供了重要的思想指导。

另一方面，习近平总书记着眼于人与自然和谐共生的自然观，明确提出"人与自然是生命共同体"的科学命题。进入新时代以来，面临现代工业文明带来的错综复杂的生态环境问题，习近平总书记向全世界提出了要努力实现人与自然和谐相处的要求。"人类可以利用自然、改造自然，但归根结底是自然界的一部分，必须呵护自然，不能凌驾于自然之上。我们要解决好工业文明带来的矛盾，以人与自然和谐相处为目标，实现世界的可持续发展和人的全面发展。"①由此可见，习近平总书记提出的"人与自然是生命共同体"的观点，更多地承袭了马克思主义关于人与自然关系的根本立场、看法和观点。习近平总书记的"人与自然是生命共同体"这一论断虽然充分肯定了人可以发挥自己改造自然的能力，但更多强调的是人是自

---

① 中共中央文献研究室.习近平关于社会主义生态文明建设论述摘编[M].北京：中央文献出版社，2017：131.

然界的一部分，人类应该呵护自然和保护自然。"人因自然而生，人与自然是一种共生关系，对自然的伤害最终会伤及人类自身。只有尊重自然规律，才能有效防止在开发利用自然上走弯路。"①尊重自然规律才能有效地开发利用自然，否则就会走上弯路，既伤害自然也伤害人类自身。同时"人与自然是生命共同体"这一论断更加突出强调人与自然之间联系的互动性和共生性。其一，自然是人的衣食父母，是人类实践活动的基本前提并为其设置边界，人类要敬畏自然、尊重自然、顺应自然；其二，人类及其实践活动使自然从自在自然转化为人化自然，并在与自然的互动和制约中走向协调和解放；其三，"人与自然是生命共同体"把马克思主义"自然是人的无机身体"延伸到自然与人是血肉相连的"生命体"的概念之中，以更博大更广阔的人文情怀深刻阐明了人、自然、社会是一体共存、共生共荣的有机整体。"自然是生命之母，人与自然是生命共同体"②，从这一生态话语中，我们深层次领悟到，自然是人的生命本质，人与自然的和谐发展是人生命本质得以彰显的外在呈现。对此，习近平总书记强调，我们要"像保护眼睛一样保护生态环境，像对待生命一样对待生态环境"③，这就赋予了人与自然之间平等的地位和价值，超越了以往将外部自然和生态环境客体化的世界观，要求人的一切实践活动都应秉持尊重自然万物的理念前提、遵循顺应客观规律的自然准则、恪守建设优美环境的生态实践，与自然共同演绎绘就一幅充满生命气息、融通和合的生态图景。

第二节 从中华优秀传统文化中汲取生态智慧

中华民族历史悠久，具有深厚的文化底蕴，在几千年的生产生活实践

---

① 中共中央文献研究室. 习近平关于社会主义生态文明建设论述摘编[M]. 北京：中央文献出版社，2017：11.
② 习近平. 论坚持人与自然和谐共生[M]. 北京：中央文献出版社，2022：225.
③ 习近平. 论坚持人与自然和谐共生[M]. 北京：中央文献出版社，2022：10.

过程中逐渐孕育出光辉灿烂的思想体系和价值追求，给予一代又一代中华儿女以深刻的影响。中华传统文化有其独特的人类生存智慧，无论是生活方式还是伦理与制度，都不乏关于人与自然关系、社会发展与资源环境关系的真知灼见。习近平总书记在全国生态环境保护大会上深刻指出："中华民族向来尊重自然、热爱自然，绵延五千多年的中华文明孕育着丰富的生态文化。"①习近平总书记在思考生态文明建设方针大计中，坚持从中华优秀传统文化中汲取生态智慧，倡导继承与弘扬传统文化价值理念中的合理成分，并加以创新性的现代运用，做了许多开创性的工作，进而铸就了熠熠生辉的生态文明思想。

一、中华优秀传统生态智慧的主要内容

中华优秀传统生态文化以人与自然的关系为研究对象，古代圣贤们对"天、地、人"及其关系的反思是中华优秀传统生态文化的主题，在中国几千年的历史长河中，大体上以儒、释、道这三家思想流派的生态观作为其核心内容，均主张追求人与自然的和谐与统一。在儒、释、道三家思想流派的共同作用下，中华民族形成了独特的"中""和""容"文化体系，即讲究中庸、和谐、包容。

儒家奉行"天人合一"的生态整体观。"天人合一"是中国哲学思想和传统文化的核心和精髓，主张把宇宙视为一个有机整体，人类在这个有机体中追求着人与自然之间的和谐统一。儒家思想是中国封建社会时期盛行的一种主导思想，民众基础深厚。儒家探寻人与自然关系，倡导"天人合一""民胞物与""仁民而爱物"，认为人是自然的一部分，要敬畏大自然，讲求万物平等。孔子曾说："天何言哉？四时行焉，百物生焉，天何言哉？"②强调自然界是一切生命之源，并操纵着四时的变化和万物的生灭，表达了对自然的谦和与敬畏之情。如何实现"天人合一"？《中庸》给了最明确的答

---

① 习近平. 论坚持人与自然和谐共生[M]. 北京：中央文献出版社，2022：1.
② 孔子. 论语[M]. 北京：中华书局，2006：271.

案：与天地参。"唯天下至诚，为能尽其性；能尽其性，则能尽人之性；能尽人之性，则能尽物之性；能尽物之性，则可以赞天地之化育；可以赞天地之化育，则可以与天地参矣。"①这即是说，人唯有把握了天生之诚，才能"尽人之性"，然后才能"尽物之性"，进而达到"与天地参"的状态。儒家认为，人与自然界是平等共处、相互依存、内在统一的关系，人与自然的关系就如同母子同胞的关系。人类应尊重并顺应自然规律，节制自己的行为，不能过度索取赖以生存的物质，更不能盲目毁坏自然。王阳明写道："夫圣人之心，以天地万物为一体"，"圣人有忧之，是以推其天地万物一体之仁以教天下"②，要求人类保护自然，做到"天人合一"。儒家肯定自然界的内在价值，将仁爱推及"仁民爱物"，即人与物、人与人之间要像亲人朋友一样相互仁爱。"天地之大德曰生"充分阐释了儒家思想中的生态道德理念。这种主张以"仁爱"之心善待自然的思想充分体现了中国人特有的宇宙观和价值追求。

道家提倡"道法自然"的生态自由观。中国道家遵循"道法自然"的准则。所谓"道"，就是精神，就是境界。道家主张通过崇尚自然、尊重自然规律以实现人道的契合与归一。老庄认为物化是主客体的一种相通相融方式，是物中有我、我中有物、物我合一。老子在《道德经》中提出"人法地，地法天，天法道，道法自然"③的为人处世、修真证道的法则，认同"道"的运作是以宇宙本来的自然规律为规律，追求人与自然的和谐与平等，即是追求"道"。老子又说"道大、天大、地大、人亦大，域中有四大，而人居其一焉"④，表达了天、地、人皆由道而生，提倡顺道而为，顺应宇宙万物的本性，遵循事物的内在发展规律。庄子继承并发展了老子的道家思想，认为人与自然是相互联系、相互影响的一体，提出"天地与我并生，

---

① 大学·中庸[M]. 王国轩，译注. 北京：中华书局，2016：119.
② 王阳明. 王阳明全集·大学问[M]. 上海：上海古籍出版社，2011：210.
③ 老子. 道德经[M]. 北京：中华书局，2012：63.
④ 老子. 道德经[M]. 北京：中华书局，2012：63.

而万物与我为一"①的思想，推崇"以道观之，物无贵贱"②的价值理念。道家的这种生态自由观就是提倡遵循自然规律，达到"万物并育而不相害""独与天地精神往来"的理想境界。与儒家生态伦理思想相比，道家更加强调人类社会对自然的顺应，告诫人们不强为、不妄为、不乱为，这是处理人与自然关系的前提。这种从容有度的生活方式及追求充实饱满的精神实质使人的无穷欲望得到有效抑制，有利于增强对建设社会主义生态文明的理解与认同。

中华民族自古以来追求人与自然的和谐相处。"天人合一""生命之法""道法自然"等浸润着中华民族独特的文化基因，强化了中华民族的生态意识，促进了中华民族对自然资源的保护，不仅维系了中华民族的文化根脉，提供了古代中国生态伦理的思想支撑。同时，中华民族还将这种朴素的生态伦理上升到国家管理制度层面，专门设立掌管山林川泽的机构，制定政策法令，这就是虞衡制度，用以规范和调整人与自然的关系，对自然环境给予保护。《周书·大聚篇》曰："春三月，山林不登斧斤，以成草木之长；夏三月，川泽不入网罟，以成鱼鳖之长。"《秦律·田律》曰："春二月，毋敢伐材木山林及雍堤水。不夏月，毋敢夜草为灰……百姓犬入禁苑中而不追兽及捕兽者，勿敢杀；其追兽及捕兽者，杀之。"③《周礼》记载，设立"山虞掌山林之政令，物为之厉而为之守禁"。秦汉时期，虞衡制度将职官分为林官、湖官、陂官、苑官、畴官等，这一制度一直延续到清代。尽管时光已经过去千年，但我们依然能从古圣先贤的思想中感受他们尊重自然规律、主动保护生态环境、追求平衡和谐的生态智慧，这对于我们处理人与自然的关系，从而恢复人与自然和谐稳定的良好状态提供了宝贵的精神财富。

---

① 庄子·齐物论[M].武汉：崇文书局，2003：23.
② 庄子·秋水[M].武汉：崇文书局，2003：186.
③ 中共中央组织部党员教育中心.美丽中国：生态文明建设五讲[M].北京：人民出版社，2013：21.

二、对中华优秀传统生态智慧的传承创新

在马克思主义中国化的语境下，习近平生态文明思想也从厚重的中华传统文化中汲取了丰富的生态营养，赋予传统文化生态观新的时代定义和历史使命。中华传统生态文化是对传统政治、经济在意识领域的反映，受到了当时历史社会环境的制约，因此在新时代，必须以正确的态度对待中华传统生态文化，从哲学、伦理、经济和制度等多方面对传统生态文化进行传承和创新，最终使中华传统生态文化实现当代转化，在新时代闪耀着生态智慧的光芒。

新时代建设美丽中国，核心是坚持人与自然和谐共生，坚定不移走生产发展、生活富裕、生态良好的文明发展道路，这是对传统"天人合一"思想的积极传承与创新发展。人与自然关系的认识是中华传统哲学的基本命题，儒家主张天人合一，天地人和，人天相应，展现了几千年中华文明积淀的生态智慧。中国古代哲人很早就以"整体""联系"等系统思维方式来观察宇宙万物，把世界看成一个不可分割的整体，把天、地、人看成是相互联系、彼此依存、相辅相成的有机体，致力于达成"天人合一""天地人和""人天相应"的美好境界。不仅如此，其还提出尽人之性，通过人自身的和谐进而实现人与自然和谐统一的可贵思想，突出强调人的主观能动性对促成人与自然和谐统一的积极作用。"天人合一"思想反映了中华文明的基本价值取向，为推动中国特色社会主义生态文明建设提供了深邃的思想智慧。习近平生态文明思想的哲学理论突出了这一认知，在汲取中华传统生态文化思想精髓的基础上，提出了要"坚持人与自然和谐共生"的科学论断，创新性地发展了中华优秀传统文化中所蕴含的生态智慧。2019年，在中国北京世界园艺博览会开幕式的讲话中，他一开篇就讲："锦绣中华大地，是中华民族赖以生存和发展的家园，孕育了中华民族5000多年的灿烂文明，造就了中华民族天人合一的崇高追求"①，并结合工业化进程中"难

---

① 习近平谈治国理政(第三卷)[M].北京：外文出版社，2020：374.

以弥补的生态创伤"，揭示"杀鸡取卵、竭泽而渔的发展方式"不合时宜，"顺应自然、保护生态的绿色发展"乃大势所趋，再次引用"取之有度，用之有节"，提出要"倡导简约适度、绿色低碳的生活方式"，"倡导尊重自然、爱护自然的绿色价值理念"①。在谈到全球面临的生态环境挑战时，习近平总书记指出人类是一荣俱荣、一损俱损的命运共同体，并呼吁"携手合作""并肩同行""共同建设美丽地球家园""共同构建人类命运共同体"②。

　　"道法自然"是道家先哲们关于达到人与自然和谐境界的途径的总结，天地万物是有机联系的整体，拥有自身运行的规律与法则，因此需顺应自然之大势，不应主动积极去谋求，从而达致物我为一的最佳状态。习近平生态文明思想继承了道家阐述的遵从客观自然规律的基本原则和规律，并对其中消极遁世观念加以扬弃。在实现人与自然和谐共生的方法和途径上，习近平生态文明思想主张通过科学的发展方式和生活方式的绿色变革，利用现代生态技术和科学技术合理改造自然来达到与自然的和谐共生，也就是"敬畏自然、尊重自然、顺应自然、保护自然"。在谈到无法抗拒的自然规律时，习近平总书记多次引用"天地与我并生，而万物与我为一"等诗句，阐述人类合理利用、友好保护自然时，自然对人类的回馈是慷慨的，反之，人类不再敬畏自然，粗暴掠夺自然时，自然对人类的报复又是无情的。在谈到城镇化工作时，习近平总书记指出，要本着"尊重自然、顺应自然、天人合一的理念"，"要让城市融入大自然"，"依托现有山水脉络等独特风光"，"让居民望得见山、看得见水、记得住乡愁"③。在谈到新农村建设时，习近平总书记特别提到"要注意生态环境保护"，"注意乡土味道，体现农村特点，保留乡村风貌"，不能把"乡情美景"都弄没

---

① 习近平谈治国理政(第三卷)[M].北京：外文出版社，2020：375.
② 习近平谈治国理政(第三卷)[M].北京：外文出版社，2020：375-376.
③ 习近平.论坚持人与自然和谐共生[M].北京：中央文献出版社，2022：56.

了，"要让它们与现代生活融为一体"①。习近平总书记用"敬畏自然、尊重自然、顺应自然、保护自然"的现代化表达，突破了"道法自然"中"自然"的主宰地位与神秘意味，使其转化为适应当代中国实际情况的生态智慧；不再片面强调人对自然规律的被动顺从，而是主张在掌握客观自然规律的前提下，积极发挥人的主观性、积极性和创造性，并指出人应通过学习自然知识，在掌握自然规律的基础上正确地顺应自然，进而在对自然开展实践活动过程中，运用当代科学技术改造和保护自然，实现"人与自然和谐共生"。

在当代中国，习近平总书记多次强调，我们要"像保护眼睛一样保护生态环境，像对待生命一样对待生态环境"②，强调把自然看做同等具有生命的存在，在平等视域下去保护环境、爱护环境，指明了人类对待自然的态度以及在实践过程中保护自然、爱护自然的方式。"人不负青山，青山定不负人"③，完美诠释了人与自然和谐共生理念的价值旨归。在平等对待自然的基础上，才能避免陷入自然中心主义和人类中心主义的误区，进而实现二者的和谐发展。概而言之，中华优秀传统生态智慧的核心思想，就是敦促人类正视人与自然的关系，从思想观念层面解决人与自然之间的关系难题，拓宽了当代人的视野，提供了一种经得起历史和实践检验的当代人关于看待人与自然关系的全新思路和全新视角。

三、中华优秀传统生态智慧的当代价值

中华优秀传统生态智慧与现代生态文明建设具有的内在契合性和高度一致性，使得中国有可能超越西方发达国家，率先成为世界生态文明的实践者和引领者。在几千年的历史长河中，无数先贤围绕天与人的关系提出了一系列观点，就人与自然的关系形成了一系列思想，最终形成了中华传

---

① 习近平. 论坚持人与自然和谐共生[M]. 北京：中央文献出版社，2022：58-59.

② 习近平. 论坚持人与自然和谐共生[M]. 北京：中央文献出版社，2022：10.

③ 习近平. 论坚持人与自然和谐共生[M]. 北京：中央文献出版社，2022：139.

统生态文化，其中蕴含的丰富的生态智慧，为中华民族培育新时代生态文明价值观提供了重要的文化资源。2018 年，在全国生态环境保护大会上，习近平总书记引经据典地指出，古代先贤"强调要把天地人统一起来、把自然生态同人类文明联系起来，按照大自然规律活动，取之有时，用之有度"①，这些"先人对处理人与自然关系的重要认识"②对今天的我们具有重要的现实意义。习近平总书记更是在不同场合强调，"'天人合一'、'道法自然'的哲理思想，'劝君莫打三春鸟，儿在巢中望母归'的经典诗句，'一粥一饭，当思来处不易；半丝半缕，恒念物力维艰'的治家格言，这些质朴睿智的自然观，至今仍给人以深刻警示和启迪"③。随着习近平生态文明思想的广泛传播，中华传统生态文化理念日益深入人心，根植于中国人民的生态治理实践中，潜移默化地影响着人们的价值理念和行为方式，对于构建中国特色社会主义生态文化具有重要的理论奠基和实践指导作用。

在当代中国，推进生态文明建设离不开中华优秀传统生态智慧的精神助力。经过千百年的历史传承，中华传统生态文化的核心精神，汇集成中华儿女的共同价值取向，人与自然和谐相处成为中华民族共同的价值信念，也成为新时代生态文明建设的重要原则。中华文化历来倡导的尊重自然、顺应自然，与自然和谐相处的"天人合一""道法自然"的道德规范和价值观念，为当代所提倡的人与自然和谐共生、可持续发展、绿色发展、永续发展等生态文明思想奠定了坚实的基础。习近平总书记以大历史的视野，以中华优秀传统生态智慧为重要资源，以新时代治国理政的实践为现实依据，对建设美丽中国进行了顶层设计，提出了建设生态文明的自然观、发展观和实践观。在看待人与自然的关系层面，习近平总书记认为，人与自然并非完全对立的矛盾关系，而是相互依存、和谐统一的命运共同体关系；在处理经济发展和环境保护之间的关系层面，他认为，可以实现

---

① 习近平. 论坚持人与自然和谐共生[M]. 北京：中央文献出版社，2022：1.

② 习近平. 论坚持人与自然和谐共生[M]. 北京：中央文献出版社，2022：1.

③ 中共中央文献研究室. 习近平关于社会主义生态文明建设论述摘编[M]. 北京：中央文献出版社，2017：6.

"金山银山"和"绿水青山"的双赢和共赢；在推进生态文明实践层面，他认为，要深刻认识和把握中华传统生态文化的核心理念和基本内容，并将其运用到新时代美丽中国建设的各个方面和全过程，培育好当代中国生态文明核心价值观，提高国民生态层面的文化自觉与自信。概而言之，中华优秀传统生态智慧客观上构成了中国特色社会主义生态文明建设的内在机理，中国特色社会主义生态文明建设离不开中华优秀传统生态智慧的滋养和淬炼。建设生态文明需要立足中国国情和历史传统，从中华优秀传统生态文化中汲取营养，不断推进中华优秀传统生态文化与当代生态文明形态相融合，用中国传统生态智慧为当代中国生态文明建设提供价值引领和行动指南。

中华优秀传统生态文化在新时代以崭新的文明观和文化形态得到升华和转化，为当代中国生态文明建设和美丽中国建设奠定生态文化和绿色文明的基础，同时也为解决人类共同面对的全球生态危机贡献中国智慧和中国方案。当今世界科技的全面提升和物质的极大丰富在给人们带来巨大便利的同时，也使人们遭遇到前所未有的自然环境危机、社会生态危机。环境污染、资源短缺、能源危机、人口爆炸、粮食短缺等以及由此产生的多重叠加效应，使得各类生态环境问题呈多发、高发、频发态势，成为国家之患、时代之痛。无论是资本主义国家还是社会主义国家，都无一例外面临严重的生态危机和生态灾难。生态环境问题已不再是西方发达国家关注的话题，更是发展中的社会主义中国寻求继续发展亟须正视并努力去克服的问题。习近平总书记曾在纪念孔子诞辰 2565 周年国际学术研讨会暨国际儒学联合会第五届会员大会开幕会上深刻指出，要解决人与自然关系日趋紧张等难题，"不仅需要运用人类今天发现和发展的智慧和力量，而且需要运用人类历史上积累和储存的智慧和力量"①，"世界上一些有识之士认为，包括儒家思想在内的中国优秀传统文化中蕴藏着解决当代人类面临的

---

① 习近平著作选读(第 1 卷)[M]. 北京：人民出版社，2023：277.

难题的重要启示"①，比如，关于道法自然、天人合一的思想，关于天下为公、大同世界的思想，关于俭约自守、力戒奢华的思想等，可以为人们认识世界和改造世界提供有益启迪。中华优秀传统文化中所蕴含的生态智慧和整体性、综合性和辩证性思维能够使中国人自觉地将自身生态环境问题和全人类的生态命运连接起来，重新反思和审视人与自然的关系，革新人们的思维方式、生产方式、消费方式和生活方式，进而实现人与自然的真正共生共存共荣。同时，中国传统文化中包含的悠久的生态文明渊源和生产生活生存智慧，不仅为中国率先实现科学发展、绿色发展、可持续发展、循环发展、低碳发展，进而走向生态文明提供更多可能性，而且为促进多边合作、协同治理，积极探索全球生态共建、共治、共享模式提供更多想象空间。从一定意义来讲，时代的号召使中华优秀传统生态智慧历史地、逻辑地成为克服当代全球生态危机的重要资源，它指出了一条帮助全人类摆脱愈加严峻的生态危机的有效途径，并逐渐在全社会乃至全球范围内得到高度认可和充分确证。② 习近平生态文明思想汲取了中华优秀传统生态智慧，创新性地进行现代化阐释，极大地丰富和发展了马克思主义关于人与自然关系的思想，这是新时代中国特色社会主义生态文明思想的重大理论创新，为推进新时代社会主义生态文明建设指明了方向，为全球可持续发展和各国人民美好生活贡献了"中国智慧"和"中国方案"。

第三节　生态环境与人类文明的演进历程与兴衰关联

从人类的发展史来看，良好的生态环境是人类文明孕育并发展的前提。没有自然界，也就没有人类的诞生与活动场所，是自然界孕育了人类文明，人类文明的发展无不与自然环境息息相关，可以说自然环境是人类

---

① 习近平著作选读(第 1 卷)[M]. 北京：人民出版社，2023：277-278.
② 陈波，杨明鸿. 中华传统生态文化的内核、基本特征与当代价值[J]. 湖北行政学院学报，2022(1)：22-27.

文明的发祥地。马克思主义认为，人无法脱离自然而存在，人类文明的存续以自然界为基础。马克思曾说："文明如果是自发地发展，而不是自觉地发展，则留给自己的是荒漠。"①这就精辟阐明了人类文明与自然环境之间的关系，人类在改造和利用自然的过程中，如果仅仅是"自发地"而不是"自觉地"对自身行为进行控制和约束，势必造成对生态环境的整体破坏，最终使人类文明失去空间和载体。然而，自人类社会进入工业文明时代之后，人与自然之间的平衡关系逐渐被严重破坏，现代工业的发展在积累巨大物质财富的同时，也造成了人与自然关系的恶化，进而导致严重的生态危机。人们普遍意识到，继续走工业文明的老路，只会激化人与自然的矛盾，人类文明进程也将被终止。因此，如何避免工业文明的弊端，消解人与自然的冲突和对立，重建人与自然的和谐共生，成为全人类共同的良好愿景。

基于对文明发展规律的准确把握、对人类文明发展大势的积极顺应，习近平总书记庄严指出："生态文明是人类社会进步的重大成果。人类经历了原始文明、农业文明、工业文明，生态文明是工业文明发展到一定阶段的产物，是实现人与自然和谐发展的新要求。"②由此可见，生态文明是继工业文明之后人类文明的新形态，是更高级更先进的文明。在阐述生态环境与人类文明的关系时，习近平总书记深刻指出："生态兴则文明兴，生态衰则文明衰。生态环境是人类生存和发展的根基，生态环境变化直接影响文明兴衰演替。"③他强调了自然生态环境对人类社会发展的决定性作用，生态环境直接影响文明的兴衰，良好的生态环境为人类文明的发展奠定基础，破坏生态环境影响人类文明的发展，甚至造成文明消亡。这一论断科学回答了自然生态与人类文明之间的辩证统一关系，深刻揭示了生态环境与人类文明两者之间命运与共、兴衰相依的客观规律。由此可见，一部人类社会的发展史，就是一部人类与自然如何和谐相处的关系史。

---

①　马克思恩格斯选集(第1卷)[M]. 北京：人民出版社，1972：256.

②　中共中央文献研究室. 习近平关于社会主义生态文明建设论述摘编[M]. 北京：中央文献出版社，2017：6.

③　习近平. 论坚持人与自然和谐共生[M]. 北京：中央文献出版社，2022：2.

一、生态环境与人类文明的演进历程

"文明"一词是与野蛮、落后、愚昧等相对应的词，是人类基于实践改造自然、改造社会和改造自我的积极成果。诚如恩格斯所言："文明是实践的事情，是社会的素质。"①这即是说，文明是社会实践创造的，是社会活动中的人的综合素质的集中体现。文明作为人类的发展方式和生活样态，反映着人类社会的发展程度和水平。一般而言，人类文明是发展的、动态的、变化的存在，同时又是历史性的存在。文明是人类在一定的自然环境的影响下创造出来的，人类文明的发展，会受到一定社会形态的物质资料生产方式和社会制度的制约，而生产方式和社会制度又是变化的、发展的、动态的，因此，文明也会伴随物质资料生产方式和社会制度的不断变革而不断演进和发展。所以说，文明不是静止的，一成不变的，而是不断发展变化的。同时，人类文明又反过来影响和改造了生态环境。人类文明与生态环境之间是相互依存、相互制约、相互影响、辩证统一的关系，从而推动着人类历史不断向纵深方向发展。在人类漫长的进化史中，人类文明的发展进程大致经历了渔猎文明、农业文明、工业文明和生态文明四种文明形态，从中我们可以清晰地得出，人类与自然的关系也经历了一个从被动抗争到主动顺应，再到主动对抗，再到反思调整的认知过程。

渔猎文明时期是人类最久远又最漫长的历史时期。这一时期，由于社会生产力水平极为低下，生产工具极其落后，人们的认知能力极为有限，人类并没有意识到自身的主体地位，总体来讲，此阶段处于一种愚昧而又混沌的状态。一方面，为了维系自身生存和种族的繁衍，人类从自然界中进行狩猎采集获取生活必需品，受到大自然的无偿馈赠，另一方面，人类又受到自然界各种各样的潜在威胁，人们在其中无不感受着大自然的伟岸和神秘，加上自然灾害的频发，大自然被认定是不可确定的和神圣不可侵犯的存在。人类匍匐在自然界的脚下，自然界统治着人类，人类的实践活

---

① 马克思恩格斯文集(第 1 卷)［M］. 北京：人民出版社，2009：97.

动完全受制于自然。这一时期人与自然的关系，与其说是人类如何对付自然，倒不如说是人类只能依赖自然。就像马克思所说的那样："自然界起初是作为一种完全异己的、有无限威力的和不可制服的力量与人们对立的，人们同自然界的关系完全像动物同自然界的关系一样，人们就像牲畜一样慑服于自然界。"①由此可见，人与自然之间呈现出依附与被依附、崇拜与被崇拜的关系，人类在与自然界的被动抗争中显得软弱无力。"那时的自然不是人类平静的、和谐的伙伴，而是庞大的、严厉的对立面；它不是人类的朋友，而是狂暴的、人的敌人。"②也就是说，由于当时生产力水平极为低下，人类对自然界的改造能力极为有限，破坏力极其微弱，自然界维持着朴素的生态系统平衡，人与自然界之间处于一种原始的辩证的和谐关系。

在农业文明时期，由于铁器等生产工具的改进，人类逐渐开始对自然界进行探索，使得人类逐步从采集、渔猎中解放出来，主要依靠种植五谷和养殖家畜来维系生产和生活需要。人类开始利用自然并创造适当的条件使自己需要的物种得到生长和繁衍，不再依靠自然界提供的现成事物，对自然资源的利用不仅包括大气资源、水资源、土地资源和生物资源，而且还扩大到可再生资源，如水力、蓄力、风力等。这些无污染、无公害、可再生的能源，不仅满足了人类基本的生产生活需要，而且也很好地保护了自然生态环境。值得一提的是，这一时期手工业也悄然产生了，尽管规模不大，但却为农业生产提供了别样的生产工具，极大地增强了人们改造自然的能力。客观而论，农业文明在人类文明史上具有十分重要的意义。一是人类从事物的被动采集者变成主动的生产者，促进了人类经济活动方式的改变。二是农业和畜牧业的发展使得人类从居无定所到居有定所，促进了人类基本生活方式的转变。三是农业的革命带动了人自身的繁衍和生产，为社会分工的发展创造了物质条件。在农业文明时期，人与自然的关

---

① 马克思恩格斯文集(第1卷)[M]. 北京：人民出版社，2009：534.

② [德]汉斯·萨克塞. 生态哲学[M]. 文韬，佩云，译. 北京：东方出版社，1991：1.

系呈现出一种微妙的关系。一方面，与渔猎文明时期"天人混沌"截然不同，农业文明时代产生了较为具体和明晰的生态思想。一个不争的事实是，无论是农业还是畜牧业，都无一例外需要"靠天吃饭"，离开"风调雨顺"等良好的自然环境条件，农牧业发展就无法进行。这种直观的经验感受和长期的劳动实践使这一时期的人们自然而然产生了非常朴素的生态观念，并得出了一些有价值的生态思想。哲学上儒家强调"天人合一""万物一体""仁民爱物"，道家强调"人法地，地法天，天法道，道法自然"等，这些生态观念对于生态环境的保护发挥了积极作用。另一方面，农业文明时代人类对大自然的伤害也是不可忽视和低估的。伴随社会生产力的发展和人改造自然环境能力的增强，特别是人自身的生产和繁衍的发展，当赖以生存的土地无法满足人口持续增加的需要时，向自然界"开战"便徐徐展开，刀耕火种、毁林开荒、围湖造田、过度放牧、过度渔猎，随之而来的是水土流失、旱涝频繁、气候异常等现象。农业文明时期对自然的破坏仍然是有限的和局部性的，它只是破坏某一区域农业生产的自然生态环境，还不至于对大自然造成整体性的毁灭性破坏，还不至于影响整个人类的生活生存环境。总体而言，这一时期，人与自然的关系处于顺应天时改造自然，而非征服自然掠夺自然的阶段，而且改造的力度、开发的程度、作用的广度都还处于自然环境可承受的范围之内，所以说，人与自然的关系总体上保持着和谐平衡的关系。

在工业文明时期，由于生产力和科技水平的空前大发展，人类开启了用理性驾驭自然的崭新时代。如培根提出"知识就是力量"，笛卡儿强调"人是自然界的主人和所有者"，莱布尼茨宣称"万物是由人的理性支配的"，康德提出"人是自然的最高立法者"等著名论断，形成了以"人是自然的主宰"为核心的思想体系。这种自然观"剥夺了整个世界——人的世界和自然界——固有的价值"，是"对自然界的真正的蔑视和实际的贬低"[①]，自然界沦为人的外在工具，自身固有的价值被遮蔽，人与自然之间呈现出

---

① 马克思恩格斯文集(第1卷)[M].北京：人民出版社，2009：52.

征服与被征服、掠夺与被掠夺的关系。工业文明时期，由于最新科学技术的广泛应用，社会生产力呈井喷式增长，世界主要资本主义国家经济获得史无前例的空前发展。马克思、恩格斯在《共产党宣言》中这样感叹道："自然力的征服，机器的采用，化学在工业和农业中的应用，轮船的行驶，铁路的通行，电报的使用，整个整个大陆的开垦，河川的通航，仿佛用法术从地下呼唤出来的大量人口——过去哪一个世纪料想到在社会劳动里蕴藏有这样的生产力呢？"①恩格斯一语道破："我们在最先进的工业国家中已经降服了自然力，迫使它为人们服务……现在一个小孩所生产的东西，比以前的 100 个成年人所生产的还要多。"②经过科学的"祛魅"，在资本和利润的驱使下，人们不再是消极被动地适应自然，对自然俯首帖耳，而是以仰视姿态扮演着"控制者""征服者"的角色，人类对自然界展开了史无前例的疯狂占有和掠夺，自以为是地认为自然是取之不尽，用之不竭的，拼命向自然挑战和索取，人类贪婪的本性暴露无遗，人类赖以生存的绿色家园也遭到空前浩劫。极具讽刺的是，最早享受到生产力迅猛发展和财富急剧增长的发达国家，也是最早遭到自然界疯狂报复和吞下工业化附加的苦果，其中最为典型的就是 20 世纪 30 年代至 60 年代世界范围内的"八大公害事件"。所以说，工业文明给人们带来的只是虚假的繁华，更多是让人们经历前所未有的生态危机和生态灾难，在被自然界疯狂反扑和无声报复之后，人类开始重新审视自身与自然的关系，希望与自然之间重归和谐宁静。

在生态文明时期，人类逐步认识到，在日益严峻的生态危机和生态灾难面前，单单依靠工业文明自身的旧机体已经束手无策了，历史的发展潮流和满目疮痍的自然呼唤一种新的文明来保障人与自然的和谐共处和人类社会的继续向前。这一时期，人们用整体、协调的原则和机制重新调节社会的生产关系和生活方式，追求美好生态环境，追求人与自然的共生和

---

① 马克思恩格斯文集(第 2 卷)[M]. 北京：人民出版社，2009：36.
② 马克思恩格斯文集(第 9 卷)[M]. 北京：人民出版社，2009：422.

谐，坚持人与自然的和谐统一。人类对生态文明的广泛共识和理性选择，是在探索环境保护和可持续发展战略的过程中逐步明晰起来的。20世纪30年代，美国著名的环境保护主义者奥尔多·利奥波德创立了"大地伦理学"，他主张人类不应当仅仅从实用的角度看待和支配自然，强调人类应当平等地看待自然，处理好人和大地之间的关系，并与之和谐发展，从而唤醒人们对生态文明建设重要性的认识。利奥波德的"大地伦理学"后来被罗尔斯顿、奈斯等学者进一步发展为"自然价值论"和"自然权利论"等生态中心主义生态文明理论。1962年，美国生物学家雷切尔·卡逊在《寂静的春天》一书中向我们讲述为什么在春天到来的时候，我们再也听不到鸟儿的鸣叫。她运用食物链的生态学原理，用触目惊心的事实向我们讲述了大量使用杀虫剂对鸟类生态环境和人类生存环境造成的极大危害。尽管她的观点受到很多生产和经济部门的猛烈抨击和抗议诋毁，但她的坚持促使人们开始意识到环境问题的严重性和保护生态环境的重要性，从此拉开了世界环境运动的序幕。1972年，环境保护运动的先驱组织"罗马俱乐部"发表了著名的研究报告《增长的极限》，给工业文明时代粗放型发展方式敲响了第一声警钟，提醒人们思考地球的有限性和以现有速度开发资源的不可持续性，主张均衡发展，这可以看做可持续发展的萌芽。1987年，联合国发布了由挪威首相布伦特兰夫人为主席的"世界环境与发展委员会"提交的研究报告《我们共同的未来》，阐述了"可持续发展"的思想，把环境问题与人类的发展紧密地结合在一起，直面当今世界环境和发展面临的问题，并提出了非常具体而又现实的行动建议，堪称人类建构生态文明的第一个纲领性文件。1992年，在巴西里约热内卢召开的联合国环境与发展大会通过了《21世纪议程》，使"可持续发展"由思想理论变成各国的行动纲领和行动计划，夯实了人类建构生态文明的制度保障。自此以后，可持续发展、生态文明建设从民间行为上升为政府行为，由观念理论阶段上升为实践行动阶段，可持续发展观念和生态文明意识在全世界范围内悄然形成一种共识。转变传统发展模式，走可持续发展道路，迈向人与自然和谐共生，成为21世纪人类文明发展的重要趋势。无论是发达国家，还是发展中国家，都在努力调整和改变粗放型经济发展方式，寻求既能满足经济社会发展需要又能保护生态环境的绿色发展道路。也只有在这一时期，人与自然的关系才能真正实现和谐共生，自然界的美妙绝伦和人类社会的异彩纷呈才能交相辉映。

二、生态环境与人类文明的兴衰关联

人类文明的发展程度，如果从人与人的社会关系的维度来看，主要体现为不同社会形态的演进和更替；如果从人和自然关系的维度来看，则主要体现为不同文明形态的演进和更替。我们从以上人类文明形态的演进历史可较为清晰地梳理出人与自然关系的演变历史。可以说，古往今来，哲学家们和思想家们从未停止过对生态环境与人类文明之间关系的深刻思索。人与自然的关系是人类文明经久不衰的话题，这种关系的发展状况是人类文明发展程度的重要指标。马克思、恩格斯在《德意志意识形态》中明确指出："全部人类历史的第一个前提无疑是有生命的个人的存在，因此，第一个需要确认的事实就是这些个人的肉体组织以及由此产生的个人对其他自然的关系。"①这即是说，人与自然的关系在全部人类社会历史中居前提性地位，没有人与自然的关系，人与人的社会关系就无从谈起，这是唯物史观的基本原理。他们还深刻揭示了自然史和人类史的相互联系、相互制约、相互影响的辩证关系，"历史可以从两方面来考察，可以把它划分为自然史和人类史。但这两方面是不可分割的，只要有人存在，自然史和人类史就彼此相互制约"②。由此可见，我们要站在唯物史观的高度来考察人类文明与生态环境的关系。纵观人类文明发展史，自然生态环境尽管不是决定人类文明发展的唯一因素，但却是影响人类文明进程和发展质量的重要因素。

人类文明诞生于自然界，与一定的自然环境及其作用机制密不可分，

---

① 马克思恩格斯文集(第 1 卷)[M]. 北京：人民出版社，2009：519.
② 马克思恩格斯文集(第 1 卷)[M]. 北京：人民出版社，2009：516.

人类与自然环境的关系好坏也反映了人类文明的发展兴衰。良好优美的自然环境对人类文明的形成和发展具有促进作用，反之，被破坏和践踏的自然环境对人类文明的形成和发展也起着阻碍作用。在人类早期文明时代，各国都发源于自然生态环境良好的地区。正是有良好的生态环境作为生存的基础，古人才能依靠各类自然资源进行生存与发展，从而创造出辉煌灿烂的物质文明和精神文明，也才有了文明的彰显。此时的生态环境与人类文明之间处于一种和谐统一的状态。历史的车轮缓缓向前推进，无论是在农业文明时代，还是工业文明时代，人类的发展都依赖于自然界提供的各种资源，而正是凭借着丰富的自然资源，人类文明才得以生生不息，薪火相传。然而，自人类进入工业文明时代以来，由于传统工业化的迅猛发展，加上人们缺乏生态环境保护意识，只顾自身发展而无止境地向自然界索取、乱砍滥伐，严重超出了自然界的承载阈限，对生态环境造成了严重破坏，生态系统原有的平衡和循环被打破，造成人与自然关系的紧张。人类文明的整体进程也放慢了脚步，留给人类的是无尽的伤痛和深刻的警示。这些历史事实充分说明，生态环境与人类文明相互作用，相互制约，相互影响，生态环境的变迁和人类文明的兴衰有着千丝万缕的不可分割的关系。从某种程度上来说，一部人类文明的兴衰发展史，本质上来讲就是一部生态环境的兴衰发展史，自然环境可以促进人类文明的兴盛，同样自然环境也可能招致人类文明的衰落。一言以蔽之，生态可载文明之舟，生态亦可覆文明之舟！

从历史上看，人类文明的中心都发源于大江大河流域，那里森林茂密、土壤肥沃、水草丰沛、气候宜人、生态宜居。古代埃及、古代巴比伦、古代印度、古代中国等四大文明古国之所以创造了人类文明的巨大成就，是与其所处的优越的自然地理环境有着密切的关系。如，古埃及文明发源于尼罗河下游的冲积平原，被誉为"尼罗河的赐予"，古巴比伦文明发轫于幼发拉底河和底格里斯河流经的美索不达米亚平原，古印度文明的发端与印度河恒河流域丰饶的自然环境不无相关。后来由于人们缺乏生态保护意识，乱砍滥伐森林，过度垦荒放牧，使得水土流失、土地荒漠化、沙漠化严重，人类文明的中心伴随着生态环境遭到破坏而衰落、吞噬甚至消失。从世界历史来看，广袤富饶的森林资源是人类文明的重要基础。破坏森林会造成了一系列的悲剧，失去森林，人类就会失去生存和发展的根基，文明也会随之湮灭。恩格斯在《自然辩证法》中记录了有关破坏森林后给人类酿成的惨痛教训的一段话："美索不达米亚、希腊、小亚细亚以及其他各地的居民，为了得到耕地，毁灭了森林，但是他们做梦也想不到，这些地方今天竟因此而成为不毛之地，因为他们使这些地方失去了森林，也就失去了水分的积聚中心和贮藏库。"①马克思在研究人类发展史特别是工业化进程发生的大量破坏自然资源和生态环境事件时，也曾列举了波斯、美索不达米亚、希腊等由于砍伐树木而导致土地荒芜的典型事例。由此可见，古巴比伦文明的衰落主要源于对耕地的过度开发和非理性应用，土地荒芜导致水土流失、土地荒漠化，破坏了人类的生存条件和生产条件，以致失去了文明得以承载的自然资源和环境条件。

在四大文明古国中，不管是发源于尼罗河流域的古埃及文明、"两河流域"的古巴比伦文明，还是印度河恒河流域的古印度文明，都已成为过眼云烟，其根本原因就在于生态环境的衰退特别是严重的土地荒漠化，导致人类文明最终也走向衰亡。唯有中华文明是没有消失或中断过的人类文明，但事实上，中国历史上也同样存在类似的悲剧。历史上一些地区也曾出现过因乱砍滥伐，造成了巨大的生态破坏，也有过惨痛的教训。习近平总书记善于从中国历史中总结教训，他在不同的场合列举大量鲜活生动的案例，比如，曾经一度辉煌的楼兰文明，已被埋藏于万顷流沙之下；河西走廊沙漠的不断扩展，毁坏了阻挡匈奴的敦煌古城；盛极一时的丝绸之路，也因塔克拉玛干沙漠的蔓延而湮没；黄土高原、渭河流域、太行山脉曾经是森林遍布、山清水秀，后来由于毁林开荒，植被稀少，生态环境遭到严重破坏；河北北部的围场曾经也是树海茫茫、水草丰美，后来因为开围放垦，致使千里松林变成荒山秃岭。这些深刻教训，我们一定要认真吸

---

① 马克思恩格斯文集(第9卷)[M].北京：人民出版社，2009：560.

取。以史为鉴，可以知兴替。这些惨痛的悲剧警示后人，人类文明与生态环境是唇齿相依的关系，人与自然的和谐发展才是文明永续的根本。奔腾不息的长江、黄河是中华民族的摇篮，哺育了灿烂辉煌的中华文明。自古文明依水而兴，依水而盛。习近平总书记着眼于中华民族永续发展的根本大计，提出了著名的"江河战略"，他深刻阐释了长江经济带"共抓大保护、不搞大开发"①的辩证关系和战略考量，以及黄河流域生态保护和高质量发展战略，反复强调要保护好三江源，保护好"中华水塔"②，要"让黄河成为造福人民的幸福河"③等。习近平总书记曾指出："你善待环境，环境是友好的；你污染环境，环境总有一天会翻脸，会毫不留情地报复你。这是自然界的规律，不以人的意志为转移。"④朴实的话语中饱含着人类与生态环境之间友好和谐应以尊重自然规律为前提的深刻道理。

　　生态环境的好坏对一个国家、一个民族的文明兴衰史具有巨大的影响力，其变化和发展直接影响着文明的演替与兴衰。从共生的角度讲，人类文明起源于自然条件良好的地方；从共荣的角度讲，生态环境对人类的文明始终具有重大影响力，即便是在当代社会，生态环境仍然对人类文明发挥着不可磨灭的作用。概而言之，"生态兴则文明兴，生态衰则文明衰"⑤，这是习近平总书记对人类文明发展经验教训的历史总结，彰显了他对人类社会和人类文明的深邃思考。他对于人类文明与生态环境休戚与共、兴衰相依的辩证关系的深刻揭示，充分体现了中国共产党人对自然发展规律、社会发展规律以及人类文明发展规律的深刻认识，丰富和发展了马克思主义的生态观和文明观，必将促进中国及世界生态文明的发展，也必将促进中国和世界一起携手走向生态文明新时代。

---

① 习近平. 论坚持人与自然和谐共生[M]. 北京：中央文献出版社，2022：139.
② 习近平. 论坚持人与自然和谐共生[M]. 北京：中央文献出版社，2022：150.
③ 习近平. 论坚持人与自然和谐共生[M]. 北京：中央文献出版社，2022：82.
④ 习近平. 之江新语[M]. 杭州：浙江人民出版社，2007：141.
⑤ 习近平. 论坚持人与自然和谐共生[M]. 北京：中央文献出版社，2022：2.

第二章 绿色发展观：绿水青山就是金山银山

　　"绿水青山就是金山银山"理念，是习近平总书记统筹经济发展与生态环境保护而做出的重要论断，为我们在新时代护佑绿水青山、建设美丽中国，转变经济发展方式、建设人与自然和谐共生的现代化提供了有力的思想指引。这一理念以保护生态环境为主题，倒逼经济发展绿色转型升级，将生态优势转变为经济优势，契合时代发展需求，有力回应历史发展赋予的时代任务，是以理论创新指导实践发展的现实典范，体现了历史与现实、普遍性与特殊性、合规律性与合目的性的有机统一。"绿水青山就是金山银山"理念蕴含着丰富而深刻的理论内涵，是马克思主义政治经济学在当代中国的继承、发展和创新。"绿水青山就是金山银山"从理念提出到实践推行再到制度发展，进一步延伸拓展到了全球视域，开辟了全球生态文明建设的新视野和新境界，也必将为全球可持续发展和绿色发展提供更为广阔的想象空间。

第一节 "两山"理论的形成发展

　　习近平总书记在浙江工作期间提出的"绿水青山就是金山银山"的重要思想，后来被学术界形象地称之为"两山"理论。"两山"理论的提出必须置于特定的历史和现实语境之中进行考察，其形成和发展有一个演变过程。2005 年 8 月，时任浙江省委书记的习近平同志在安吉余村考察，首次提出

"绿水青山就是金山银山"这一著名的科学论断，后来被称为"两山"理论。"两山"理论提出经历了酝酿、萌发、提出、形成、发展和成熟等阶段。

一、"两山"理论的酝酿和萌发阶段

早在延川县梁家河插队时，担任支部书记的青年习近平，积极为改善梁家河的面貌，推动梁家河的发展，改善当地村民的生活出谋划策。1974年1月8日，《人民日报》介绍了四川推广沼气的报道引起了青年习近平的关注和兴趣。梁家河地处偏远，当地缺煤缺柴。一直以来，群众为了烧火做饭，大量砍伐树木，造成水土流失，大大影响了农业生产发展。办沼气不仅能解决农村能源问题，解放生产力，还能对厕所粪便进行处理，提高农村公共卫生水平，更能解决农村肥料问题，提高粮食产量，① 可以说，沼气是解决农村生产生活问题的一把金钥匙！青年习近平是一个行动派，先后两次组团去四川学习考察办沼气办法，从沼气池的建造到沼气的提取，各种土壤相对应的建造方法和技术方法，他都一一记载下来。回到延川后，被称为"能源革命"的沼气建设迅速形成热潮，县里成立了沼气办公室，包括梁家河在内的三个村被县里设为沼气试点村。② 青年习近平不仅担任主讲，负责传授沼气修建技术，而且带领乡亲们利用秸秆和畜禽粪便建成了"陕西第一口沼气池"，解决了老百姓的烧柴、点灯问题。截至1975年8月，梁家河共建成沼气池34口，解决了43户社员的点灯做饭问题，基本实现了沼气化。截至1975年9月30日，延川县建成沼气池3200多口，15个公社建有沼气池，47个大队基本实现沼气化。③ 正可谓"小小沼气池，绿色生态显"。

20世纪80年代，习近平同志在河北正定担任县委书记，他对经济发展与生态环境保护的辩证关系有了更深入的思考。为了改变正定"高产穷

---

① 《梁家河》编写组. 梁家河[M]. 西安：陕西人民出版社，2018：97.

② 中央党校采访实录编辑室. 习近平的七年知青岁月[M]. 北京：中共中央党校出版社，2017：114.

③ 《梁家河》编写组. 梁家河[M]. 西安：陕西人民出版社，2018：105.

县"的落后面貌，习近平同志在调查研究的基础上，和经济学家于光远反复讨论之后，提出了适合正定的"半城郊型"经济的发展思路。他把"半城郊型"经济解释为"靠山吃山，靠水吃水，靠城吃城"，概括为"投其所好，供其所需，取其所长，补其所短，应其所变"二十字方针，这个解释和概括准确而生动。① 习近平认为，要解决正定人多地少的矛盾，必须向荒滩进军。他还指出，要发展好林业，利用好荒滩，并研究制定了《关于放宽发展林业的决定》，在东里双公社开展试点，把河滩地的经营权下放到户，而且30年不变。1985年，他还支持制定《正定县经济、技术、社会发展总体规划》，鲜明提出"宁肯不要钱，也不要污染，严格防止污染搬家、污染下乡"的先进理念，特别强调"保护环境，消除污染，治理开发利用资源，保持生态平衡，是现代化建设的重要任务"②。

习近平同志于1985年调到福建省工作，先后在厦门、宁德、福州等地工作了17年半，针对福建省"八山一水一分田"的特殊情况，他提出"山海协作，联动发展"的新思路，并指出"山海联动发展并不是一般意义上的区域协调发展，而是通过山区与沿海地区之间人、财、物、信息的交流与协作，最终实现优势互补、共同发展"③。1985年6月，习近平同志来到中国改革开放的前沿城市福建厦门，担任市委常委、常务副市长，任职期间他领导制定了《1985—2000年厦门经济社会发展战略》，一共涵盖21个专题，其中最后一个专题是《厦门市城镇体系与生态环境问题》。习近平同志明确指出："发展经济特区的同时，一定要防止环境污染，保持生态平衡，为厦门的子孙后代保护和创造一个美好的生产生活环境。"④1988年至1990

---

① 中央党校采访实录编辑室. 习近平在正定[M]. 北京：中共中央党校出版社，2019：127.

② 曹前发. 建设美丽中国——新时代生态文明建设理论与实践[M]. 北京：人民教育出版社，2019：138-139.

③ 本书编写组. 闽山闽水物华新：习近平福建足迹（上）[M]. 北京：人民出版社；福州：福建人民出版社，2022：202.

④ 中央党校采访实录编辑室. 习近平在厦门[M]. 北京：中共中央党校出版社，2020：66-67.

年，习近平主政闽东的贫困地区宁德，这里既有大面积的山区，还有大面积的海域，他主张要大念"山海经"，挖掘好山海资源，靠山吃山唱山歌，靠海吃海念海经。他提出闽东的振兴在于"林"，并引用群众的话说："什么时候闽东的山都绿了，什么时候闽东就富裕了"①，要利用好林业的生态效益和社会效益，认为这是闽东脱贫致富的主要途径，不仅发展林，还应发展果、茶和饲养业，提倡"种养加"结合等现代大农业的先进理念。他积极引导大家念海经，从养殖业入手，推广对虾养殖，随后又把目标锁定在大黄鱼上，同时让当地科技人员进行研究攻关，解决人工养殖、深度加工和综合系列开发等问题。② 1990 年至 1996 年，习近平同志在福州工作期间，闽江严重被污染，污水直接排入闽江，河水臭不可闻。在解决内河污染问题上，习近平同志提出搬走垃圾场，在垃圾场旧址建了一个鳄鱼公园，并开了先河，兴建了第一个污水处理厂。1992 年 12 月，习近平同志还参加了福州市祥坂污水处理厂的奠基仪式。③ 值得一提的是，龙岩市长汀县是我国南方水土流失最严重的地区之一，1985 年遥感普查显示，长汀县水土流失面积达 146.2 万亩，占该县国土面积的 31.5%。④ 习近平同志在福建工作期间，曾先后 5 次到长汀县调研，走山村，访农户，摸实情，谋对策，大力支持长汀县的水土流失治理。世纪之交，习近平在福建提出"生态省"建设战略构想。2002 年 1 月，时任福建省长的习近平在省政府工作报告中正式提出建设"生态省"战略，并明确提出"建设'生态省'，大力改善生态环境，是促进我省经济社会可持续发展的战略举措，是一项造福

①　习近平. 摆脱贫困[M]. 福州：福建人民出版社，1992：83.
②　中央党校采访实录编辑室. 习近平在宁德[M]. 北京：中共中央党校出版社，2020：338-339.
③　中央党校采访实录编辑室. 习近平在福州[M]. 北京：中共中央党校出版社，2020：98-101.
④　本书编写组. 闽山闽水物华新：习近平福建足迹（下）[M]. 北京：人民出版社；福州：福建人民出版社，2022：616.

当代、惠及后世的宏大工程，要统筹规划、分步实施、积极推进"①。他还指导编制《福建生态省建设总体规划纲要》，福建省成为全国首个在全省范围内开展生态文明建设的省份，2002年8月，福建省被列为全国首批"生态省"建设试点省份。

二、"两山"理论的提出和形成阶段

2002年10月至2007年3月，习近平同志在浙江担任省委书记，率先提出"绿色浙江""生态立省""千万工程""两山"等概念和理念。2002年11月，习近平同志主持召开省政府第七十六次常务会议，讨论的焦点是与老百姓息息相关的《浙江省大气污染防治条例(草案)》。作为经济大省的浙江，占全国1%的土地，承载了全国4%的人口，产出全国6%的GDP，但水污染、大气污染、海洋污染和农业面源污染问题较为突出；作为出口大省的浙江，出口贸易越来越多地面临发达国家"绿色壁垒"的挑战。② 面对"内外夹击"的痛苦，习近平同志提出"绿色浙江"的新概念，还谈到应结合浙江实际制定生态省建设规划。同年12月，习近平同志在主持召开省委第十一届二次全体(扩大)会议时进一步指出，必须"积极实施可持续发展战略，以建设'绿色浙江'为目标，以建设生态省为主要载体，努力保持人口、资源、环境与经济社会的协调发展"③。2003年1月，浙江省成为全国第五个生态省建设试点省，3月，在全国两会闭幕之际，在习近平同志的直接推动下，《浙江生态省建设规划纲要》在北京通过专家论证，并获得高度认可，7月，省委十一届四次全体(扩大)会议提出实施"八八战略"，其中一条

---

① 本书编写组. 闽山闽水物华新：习近平福建足迹(下)[M]. 北京：人民出版社；福州：福建人民出版社，2022：642.

② 本书编写组. 干在实处 永立潮头：习近平浙江足迹[M]. 北京：人民出版社；杭州：浙江人民出版社，2022：262-264.

③ 本书编写组. 干在实处 永立潮头：习近平浙江足迹[M]. 北京：人民出版社；杭州：浙江人民出版社，2022：264.

就是"进一步发挥浙江的生态优势，创建生态省，打造'绿色浙江'"①。针对当时地方工作中存在"重城轻乡"的问题，习近平同志明确提出"要破解农村的问题，首先要从农村环境入手"②，"建设生态省，打造'绿色浙江'，农村是重点，是难点，也是主战场"③。2003年6月，在习近平同志的倡导和主持下，浙江全省启动"千村示范、万村整治"工程，深刻改变了浙江农村的面貌，造就了数以万计的美丽乡村，成为美丽中国建设的样板。2005年8月15日，习近平同志到安吉余村调研，果断明了地指出："我们过去讲既要绿水青山，又要金山银山，其实绿水青山就是金山银山，本身，它有含金量。"④这是"绿水青山就是金山银山"理念作为科学论断首次被提了出来。8月24日，习近平同志以笔名"哲欣"在《浙江日报》头版专栏《之江新语》发表《绿水青山也是金山银山》的短评，这篇300余字的短论，首次论述了绿水青山与金山银山的辩证关系，"绿水青山可带来金山银山，但金山银山却买不到绿水青山。绿水青山与金山银山既会产生矛盾，又可辩证统一"⑤。

2006年3月8日，习近平同志在中国人民大学的演讲中，进一步深化了对"两山"的理论认识："第一个阶段是用绿水青山去换金山银山，不考虑或者很少考虑环境的承载能力，一味索取资源。第二个阶段是既要金山银山，但是也要保住绿水青山，这时候经济发展和资源匮乏、环境恶化之间的矛盾开始凸显出来，人们意识到环境是我们生存发展的根本，要留得青山在，才能有柴烧。第三个阶段是认识到绿水青山可以源源不断地带来

① 本书编写组. 干在实处 永立潮头：习近平浙江足迹［M］. 北京：人民出版社；杭州：浙江人民出版社，2022：269.
② 本书编写组. 干在实处 永立潮头：习近平浙江足迹［M］. 北京：人民出版社；杭州：浙江人民出版社，2022：275-276.
③ 本书编写组. 干在实处 永立潮头：习近平浙江足迹［M］. 北京：人民出版社；杭州：浙江人民出版社，2022：276.
④ 本书编写组. 干在实处 永立潮头：习近平浙江足迹［M］. 北京：人民出版社；杭州：浙江人民出版社，2022：283.
⑤ 习近平. 之江新语［M］. 杭州：浙江人民出版社，2007：153.

金山银山，绿水青山本身就是金山银山，我们种的常青树就是摇钱树，生态优势变成经济优势，形成了一种浑然一体、和谐统一的关系，这一阶段是一种更高的境界。"①由此可见，"两山"理念的萌发和形成过程既是生态价值观念革新的过程，也是经济发展方式绿色转型的过程，更是人与自然关系趋向和谐统一的过程。2007年3月至10月，习近平同志在上海担任市委书记，在上海工作的七个多月的时间里，他高度重视生态环境矛盾，要求各级领导干部深刻理解经济发展与生态环境保护的关系。他特别强调特大城市"一定要加快构筑现代生态型产业体系，既看到当前，更要着眼长远"②。

三、"两山"理论的发展和成熟阶段

党的十八大以来，习近平总书记对"两山"理论进行了更为全面、经典的阐述，"两山论"进一步走向成熟与定型。2013年9月，习近平总书记在纳扎尔巴耶夫大学演讲并回答学生们提出的问题，在谈到环境保护时他明确提出："我们既要绿水青山，也要金山银山。宁要绿水青山，不要金山银山，而且绿水青山就是金山银山。"③这一论述充分体现了"两山"理论发展的升华。2015年4月，中共中央办公厅、国务院办公厅印发的《关于加快推进生态文明建设的意见》，正式把"坚持绿水青山就是金山银山的理念"写进中央文件。党的十八届五中全会首次提出"五大发展理念"，将绿色发展作为"十三五"乃至今后更长时期经济社会发展必须坚持和贯彻的一个重要理念。

2017年10月，党的十九大首次提出"必须树立和践行绿水青山就是金

① 习近平.之江新语[M].杭州：浙江人民出版社，2007：186.
② 本书编写组.当好改革开放的排头兵：习近平上海足迹[M].北京：人民出版社；上海：上海人民出版社，2022：106.
③ 中共中央文献研究室.习近平关于社会主义生态文明建设论述摘编[M].北京：中央文献出版社，2017：21.

山银山的理念"①，并载入新修订的《中国共产党章程》的总纲之中。2018年，十三届全国人大一次会议首次将"生态文明"写入《中华人民共和国宪法修正案》。2018年5月，习近平总书记在全国生态环境保护大会上进一步指出，绿水青山就是金山银山，阐述了经济发展和生态环境保护的关系，揭示了保护生态环境就是保护生产力、改善生态环境就是发展生产力的道理，指明了实现发展和保护协同共生的新路径。"两山"理论源自习近平总书记长期以来对我国社会主义生态文明建设的深刻思考，并丰富发展为习近平生态文明思想的科学内核和鲜明特色。

2022年10月，党的二十大报告深刻指出："必须牢固树立和践行绿水青山就是金山银山的理念，站在人与自然和谐共生的高度谋划发展。"②由此可知，"两山"理论从区域性实践和探索已经发展为全党全国各族人民普遍认同的共同理念，昭示着我国社会主义生态文明建设必将迎来一场气壮山河的大决战。2023年7月，在全国生态环境保护大会上，习近平总书记深刻阐述了新征程上推进生态文明建设需要处理好的五个重大关系，充分体现了马克思主义唯物辩证的思想方法，是我们党对生态文明建设规律性认识的进一步深化。其中之一就是高质量发展和高水平保护的关系，要站在人与自然和谐共生的高度谋划发展，通过高水平环境保护，不断塑造发展的新动能、新优势，着力构建绿色低碳循环经济体系，有效降低发展的资源环境代价，持续增强发展的潜力和后劲。在中国式现代化建设的伟大征途中，我们要牢固树立和践行绿水青山就是金山银山的理念，站在人与自然和谐共生的高度谋划发展，通过高水平环境保护，不断塑造发展的新动能、新优势，着力构建绿色低碳循环经济体系，有效降低发展的资源环境代价，持续增强发展的潜力和后劲，以高品质生态环境支撑高质量发展，才能真正实现高质量发展和高水平保护的辩证统一。

---

① 习近平著作选读(第2卷)[M].北京：人民出版社，2023：20.
② 习近平著作选读(第1卷)[M].北京：人民出版社，2023：41.

第二节 "两山"理论的基本内涵

"两山",顾名思义"两座山",是指"绿水青山"和"金山银山"。从狭义来讲,"绿水青山"是对人类进行物质资料生产和人自身生产所必需的优美的生态环境和丰富的自然资源的统称,包括清新的空气、干净的水源、宜人的气候、明媚的阳光、璀璨的星空等。从广义来讲,"绿水青山"除了人民群众期许的优质宜居的生态环境之外,还应涵盖服务于人民群众美好生活需要的更多优质的生态产品等范畴,主要特点在于节约型、无公害、可再生,如绿色产品、无公害产品、有机产品等。狭义上的"金山银山",是指经济学意义上的经济收入或者物质财富的丰裕,具有保值性、增值性的特点。广义上的"金山银山",不仅单纯地追求经济增长,而是指向内涵式的经济发展,既能帮助人民群众提高经济发展水平和收入水平,又能给人民群众带来真正的民生福祉,在实现经济的可持续增长的同时,又能让居民看得见山、望得见水、记得住乡愁,真正实现生态惠民、生态靠民、生态利民的价值追求。

"绿水青山就是金山银山",归根到底就是正确处理经济发展和生态环境保护的关系,这是实现可持续发展的内在要求,是坚持绿色发展、推进生态文明建设首先必须解决的重大问题。绿水青山是金山银山得以实现的前提和基础,而金山银山又是绿水青山长久维持和保护的物质保障。"金山银山"不仅是指"绿水青山"本身的生态价值,而且更指"绿水青山"转化成经济价值与社会价值,它从本质上回答了什么是绿色发展,怎样实现绿色发展的重大问题。"两山"理论的内涵丰富而深刻,不单指"绿水青山就是金山银山"这一句话,而是蕴含着"既要绿水青山,也要金山银山""宁要绿水青山,不要金山银山"和"绿水青山就是金山银山"三个层次的内涵,从兼顾论、前提论和转化论三个不同角度生动反映了经济发展与环境保护之间的辩证统一关系。

一、"兼顾论"："既要绿水青山，也要金山银山"

"既要绿水青山，也要金山银山"，这是"两山"理论的出发点和落脚点，鲜明体现了绿水青山与金山银山两者之间的统一性和兼容性。用通俗的话来讲，既要良好的生态环境，又要百姓过上好日子，简而言之，就是既要生态美丽，又要百姓富裕。金山银山与绿水青山二者之间既相互联系又相辅相成，但也常常处于矛盾和对立之中。长期以来，人们认为生态环境保护和经济发展的关系似乎是一对不可调和的矛盾。在发展经济的过程中不可避免对生态环境造成不同程度的掠夺和破坏，想要保护好生态环境似乎又会妨碍经济发展的速度和进程。保护生态环境和实现经济发展似乎成了一种"两难"悖论。西方学者提出"环境库兹涅茨曲线理论"，认为生态环境保护与经济发展之间的关系演变必然经历一个阶段：在经济起飞时，经济发展以牺牲生态环境为代价，生态环境逐步恶化。而在习近平总书记看来，生态环境保护和经济发展并不是矛盾对立的关系，而是辩证统一的关系。经济发展与环境保护不能割裂开来，更不能对立起来。正确处理经济发展和生态环境保护的关系，就是要坚持在发展中保护、在保护中发展，使绿水青山产生巨大生态效益、经济效益、社会效益。

我国在改革开放相当长一段时间内，许多地方和领导干部为了追求GDP 的增长速度和地方政绩排名，将"绿水青山"和"金山银山"对立起来，认为"金山银山"的获取必须要以牺牲"绿水青山"为代价，出现了"金山银山要上，绿水青山要让"的尴尬局面；片面地认为只要把经济搞上去了，就会有足够的经济实力来解决环境问题，盲目模仿西方发达国家"先污染后治理"的发展道路，认为"边发展边治理"的道路会阻碍经济发展的进程。在这种扭曲片面观念的指导下，无论是企业投资还是项目建设，一切向"金山银山"看齐，只关注经济增长的数字，把"绿水青山"抛之脑后。尽管获得了短期的经济增长，但是与之相伴而生的生态破坏、环境污染、资源枯竭不得不令人深思。正如习近平总书记说所说的那样："经济发展不应是对资源和生态环境的竭泽而渔，生态环境保护也不应是舍弃经济发展的缘木求鱼。"①同样的道理,如果过分强调绿水青山,不注重把绿水青山转化为金山银山,那么老百姓也会长期处于贫困生活的边缘,而这种状态是比环境污染更严重的贫穷污染。② 实践证明,贫穷也会代际相传,最终的后果是不仅没有金山银山,绿水青山也荡然无存。马克思一语道破:"因为如果没有这种发展,那就只会有贫穷、极端贫困的普遍化;而在极端贫困的情况下,必须重新开始争取必需品的斗争,全部陈腐污浊的东西又要死灰复燃。"③也就是说,在物质匮乏和生产力还不充分发展的条件下,人们必然会陷入争夺必需品的斗争之中,掠夺自然就成为情理之中的事情。概而言之,"绿水青山"与"金山银山"之间、环境保护与经济增长之间并非始终为不可调和的对立关系,而是辩证统一的关系。只有坚持人与自然和谐共生的理念,才有可能兼顾生态保护与经济增长,实现生态与经济的协调发展。由此可见,"既要绿水青山,又要金山银山"的论断是对发展内涵的再认识,是对旧有的粗放型发展方式的反思,强调在建设和发展的目标上要做好自然生态与经济发展的协同,两手都要抓,两手都要硬,更加坚定了中国要走绿色发展道路的明智选择。④

二、"前提论":"宁要绿水青山,不要金山银山"

"宁要绿水青山,不要金山银山",充分表达了必须把生态建设和环境保护放在优先位置。也就是说,在处理经济发展与环境保护的关系时,一旦经济发展与生态保护发生矛盾冲突,出现"金山银山"与"绿水青山"不能兼得,二者必须择其一的时候,应毫不犹豫地把保护生态环境放在首位,而绝不能再走用绿水青山去换金山银山的老路。必须做出"宁要绿水青山,

① 中共中央文献研究室. 习近平关于社会主义生态文明建设论述摘编[M]. 北京:中央文献出版社,2017:19.
② 路日亮,陶蕾韬. 新时代生态文明建设的理论创新[M]. 北京:人民出版社,2022:78.
③ 马克思恩格斯文集(第1卷)[M]. 北京:人民出版社,2009:538.
④ 钱易,温宗国,等. 新时代生态文明建设总论[M]. 北京:中国环境出版集团,2021:171.

不要金山银山"的理性抉择，坚决不可以牺牲"绿水青山"去换取"金山银山"的短暂发展，这是秉持绿色发展新理念的科学选择。习近平总书记在主持中央经济工作会议时，批评一些同志认为"加大环境保护力度影响了经济增长"的片面思想，深刻指出"生态环境问题根子在粗放型增长方式"，认为"高排放、高污染的增长，不仅不是我们所要的发展，而且会反过来影响长远发展"①，不仅如此，"生态环境问题严重到一定程度，我们就会遭到自然的报复，经济增长也必然难以持续下去"②。由此可见，这种粗放型的增长方式实质上就是"宁要金山银山，不要绿水青山"，这种发展不仅不能长远，而且不可持续。这是习近平总书记对传统发展观的有力批判，更是基于人类文明发展历史和中国生态环境现状的深刻反思。

在工业文明时代，现代科学技术发展速度加快，社会生产力得到迅猛发展，人类大肆向自然界进攻和索取，自然内在的价值被遮蔽，已经异化成为人类开发利用的工具和对象，工业文明开启了真正的人类学的自然界。正如马克思所言："在人类历史中即在人类社会的形成过程中生成的自然界，是人的现实的自然界；因此，通过工业——尽管以异化的形式——形成的自然界，是真正的、人本学的自然界。"③但恰恰也是在工业文明时代，人类对自然界控制和利用的空前程度远远超过了大自然的自我净化和修复能力。人类一边享受着"金山银山"带来的物质财富和生活便利，另一边却是自身生存环境的不断恶化，这在很大程度上抵消了"金山银山"带来的短暂享受，并促使人类开始反思自身的片面思想和短视行为。不可否认的是，世界上很多国家在迈向现代化的征途上都醉心于经济的快速发展。欧美发达国家在工业化和现代化进程中大多经历了"先污染后治理"的发展道路，不仅给本国造成了严重的环境污染和生态破坏，而且还带来了世界性的生态危机和生态灾难。习近平总书记深刻指出："人类的

---

① 习近平. 论坚持人与自然和谐共生[M]. 北京：中央文献出版社，2022：137.
② 习近平. 论坚持人与自然和谐共生[M]. 北京：中央文献出版社，2022：137-138.
③ 马克思恩格斯文集(第1卷)[M]. 北京：人民出版社，2009：193.

认识是螺旋式上升的。很多国家，包括一些发达国家，在发展过程中把生态环境破坏了，搞起一堆东西，最后一看都是一些破坏性的东西。再补回去，成本比当初创造的财富还要多。"①不仅如此，这些发达资本主义国家利用国际经济政治旧秩序，把高污染、高能耗的工业转嫁到欠发达国家和地区，通过破坏其他国家和地区的"绿水青山"来维系本国的"金山银山"，引发欠发达国家和地区新的生态隐患和环境威胁。由此可见，发达国家所谓的"金山银山"是建立在牺牲本国以及欠发达国家和地区"绿水青山"的基础之上的，因而是不可持续的发展，长远来看，势必影响着整个人类社会的生存和发展。

当前，我国经济正处于由高速增长向高质量发展的换挡时期，稳增长、促发展、调结构进一步凸显了"绿水青山"的重要性，进一步强调了大力推进生态文明建设的重要性。要实现永续发展，必须坚持生态优先，绿色发展，必须抓好生态文明建设。习近平总书记深刻指出，中国现代化不能走欧美发达国家"先污染后治理"的老路，只能走"科学发展"的新路。"我们建设现代化国家，走欧美老路是走不通的，再有几个地球也不够中国人消耗"，"走老路，去消耗资源，去污染环境，难以为继"，"不能走老路，又要达到发达国家的水平，那就只有走科学发展之路"②。这里的"科学发展之路"，即不能有牺牲掉下一代的"绿水青山"来换取这一代人的"金山银山"的短视行为，必须坚持把生态建设和环境保护放在首要位置，在保护好"绿水青山"的基础上实现可持续发展，敬畏自然、尊重自然、顺应自然、保护自然，经济发展应以遵循自然规律为前提和基础。

三、"转化论"："绿水青山就是金山银山"

"绿水青山就是金山银山"，是"两山"理论的点睛之笔，完美诠释了生态经济的自然资本观，是贯彻和落实绿色发展新理念的最生动体现。绿水

---

① 习近平. 论坚持人与自然和谐共生[M]. 北京：中央文献出版社，2022：23.

② 习近平. 论坚持人与自然和谐共生[M]. 北京：中央文献出版社，2022：23-24.

青山既是自然财富、生态财富，还是经济财富、社会财富。保护好绿水青山，就是保护好自然资源和增值自然资本，是实现源源不断的金山银山的基础和前提，可以为经济社会发展持续发力和提供后劲，能够促使绿水青山更好地发挥生态效益和经济社会效益。从马克思主义关于矛盾的对立统一的基本原理来看，"绿水青山就是金山银山"的著名论断，深刻揭示了绿水青山与金山银山之间不仅具有对立性、矛盾性，而且绿水青山与金山银山之间还具有同一性、统一性，二者在一定条件下还可以实现相互转化。"绿水青山就是金山银山"的科学命题，颠覆了以往将保护环境和经济发展相互对立甚至完全割裂开来的片面观点，阐明了把绿水青山转化为金山银山的可能性，把生态优势转化为经济优势的可行性，找到了绿水青山和金山银山之间实现共同发展的科学途径。无论是无视生态环境的"唯 GDP"论调，还是放弃发展落入"返璞归真"的窠臼，都充满了鲜明的形而上学色彩，唯有把保护生态环境和经济社会发展二者真正结合起来，才能实现"绿水青山"和"金山银山"二者之间的共赢发展。

生态环境保护与经济社会发展从本质上而言，属于同一个问题的两个不同面向：一方面，从"绿水青山"对人的生命价值而言，良好的生态环境是人类赖以生存和发展的前提，能够为人们的美好生活需要提供坚实的保障，是支撑人类基本福祉和财富创造的基础，除了为人类提供衣食住行等维系其基本生存和发展需求外，而且神奇复杂的自然界还为人类提供了很多奇思妙想，具有极其重要的科学研究价值，同时色彩斑斓的大自然还为人类生活提供了极为宝贵的人文教育价值、审美享受价值和休闲娱乐价值。① 另一方面，从"绿水青山"对人的经济价值而言，良好的生态环境是社会生产力发展的基础，良好的生态环境可以为人类创造经济效益，为经济发展提供动力，以满足人的物质利益需求。绿水青山虽然看起来还是绿水青山，但却有金山银山蕴含于其中，不仅有生态资源的环境保护功能，

---

① 陈翠芳. 生态文明视野下科技生态化研究［M］. 北京：中国社会科学出版社，2014：175-178.

而且有经济资源的价值创造功能。概而言之，绿水青山为金山银山提供了发展基础，让金山银山发展得更长远，金山银山为绿水青山提供了发展保障，让绿水青山走得更稳健。①

"绿水青山就是金山银山"的科学论断是对工业文明进行反思之后的一种新的生态文明观。这种生态文明观认为，生态文明是工业文明发展到一定阶段的产物，是人类社会发展的必然，是不以人类的主观意志为转移的客观存在。"绿水青山就是金山银山"的科学论断阐明了发展与保护的辩证统一关系，是对发展思路、发展方向、发展着力点的认知飞跃和重大变革，是发展观创新的最新成果和显著标志，为中国社会主义生态文明建设指明了科学方向。"绿水青山就是金山银山"同"保护生态环境就是保护生产力、改善生态环境就是发展生产力"②一脉相承。要善于把生态优势转化为经济优势，这是坚持绿色发展新理念的指导原则，要求全国各地在谋求地方发展过程中，都要因地制宜，实事求是，选择适合当地发展的生态农业、生态旅游等，努力把生态优势发挥出来，转化为生态经济优势，从而实现可持续发展和高质量发展，只有这样，绿水青山才能直接转变成金山银山，绿水青山就是金山银山。

"两山"理论充满了深邃的哲学思辨，既表达了新时代中国推进社会主义生态文明建设的鲜明态度和坚定决心，也包含着对"绿水青山"与"金山银山"之间辩证关系的深刻思索。无论是"兼顾论""前提论"还是"转化论"，始终不变的一条主线是妥善处理好人与自然的关系，妥善处理好生态环境保护与经济社会发展的关系。"既要绿水青山，也要金山银山"，其重心在发展"金山银山"；"宁要绿水青山，不要金山银山"，其重心在守护"绿水青山"；"绿水青山就是金山银山"，其重心追求"绿水青山"与"金山银山"的共生与和谐，其核心在于绿色发展、循环发展和低碳发展。对"绿

---

① 郭亚军，冯宗宪．"绿水青山就是金山银山"的辩证关系及发展路径[J]．西北农林科技大学学报(社会科学版)，2022(1)：8-14.

② 中共中央文献研究室．习近平关于社会主义生态文明建设论述摘编[M]．北京：中央文献出版社，2017：23.

水青山"与"金山银山"关系的辩证的、系统的、战略的思考，进一步深化了我们党对社会主义建设规律的认识，为推进社会主义现代化建设、美丽中国建设，为实现中华民族永续发展、为新时代中国特色社会主义生态文明建设提供了正确的方向和有力的保障。在"绿水青山"与"金山银山"关系的处理中，习近平总书记要求始终坚持"生态优先、绿色发展"①，绿色发展观是"两山"理念的精神实质，"两山"理念是绿色发展观的最生动体现。绿色发展要渗透和贯穿于创新发展、协调发展、开放发展、共享发展的各方面和全过程，以"两山"理论引领发展观变革，从而使新发展理念成为中国走上绿色发展道路、扎实推进生态文明建设和真正实现高质量发展的指导思想，成为共同构建人类命运共同体的全球共识和思想源泉。

第三节 "两山"理论的深刻意蕴

"两山"理论是马克思主义生态思想在中国环境保护和生态文明实践中的具体运用，不仅充分吸纳了中华优秀传统文化中的生态智慧，而且全面凝聚总结了历代中国共产党人生态经济认识的升华与实践探索，还大胆借鉴了西方生态价值观中的有益养料，是我们党基于深刻认识经济社会发展和生态环境保护规律的重大成果和重大突破。"两山"理论不仅充分肯定了自然价值，丰富和发展了马克思主义价值理论，还深化拓展了生产力内涵，创新发展了马克思主义生产力理论，具有强大的理论穿透力和现实解释力，不仅是社会主义中国对当代全球绿色发展问题的积极探索和有力回应，而且是当代中国对马克思主义政治经济学的重大理论创新和发展。

一、丰富和发展了马克思主义价值理论

关于自然资源到底有没有价值？如果有，究竟是一种什么样的价值？长期以来一直是学术界仁者见仁、智者见智的话题。自然资源在价值形成

---

① 习近平. 论坚持人与自然和谐共生[M]. 北京：中央文献出版社，2022：74.

和价值增值的过程中具有劳动无法代替的前提性、基础性和条件性的作用。马克思主义高度肯定自然价值,认为主体人是在客体自然的基础上,通过具体劳动展开一系列创造性的活动,自然资源和劳动产品一样具有使用价值,自然资源也是使用价值的源泉。"绿水青山就是金山银山"的重要论断,充分肯定了自然价值,阐明了生态环境与经济发展的内在一致性,刷新了关于自然资源的传统认知,体现了人们对人与自然关系认识的深化和超越,丰富和发展了马克思主义的价值理论。

马克思对"价值"这个概念作过解释,指出价值"是从人们对待满足他们需要的外界物的关系中产生的"①,"表示物的对人有用或使人愉快等等的属性"②,由此可见,马克思对"价值"的定义侧重于客体属性对主体需要的一种满足关系,或者说是一种效用关系。应当承认,马克思并没有明确提到"自然价值"这样的概念,作为自然资源本身所蕴含的内在价值和对人的工具价值在马克思主义创始人那里却有着明确的表述和充分的肯定。在《1844年经济学哲学手稿》中,马克思提到如"最美丽的景色"③"矿物的美和独特性"④"太阳的唤醒生命的力量"⑤等关于大自然生态美的鲜活画面。恩格斯在《致乔治·兰普卢》的信中写道:"大自然是宏伟壮观的……我总是满心爱慕地奔向大自然。"⑥为什么太阳能唤醒生命的力量?为什么要满心爱慕地奔向大自然?这恰恰说明大自然或者说自然资源本身拥有优异的内在特质或内在价值,值得人们为之神往。同时自然界或自然资源又无一不打上人的烙印,具有鲜明的社会性特征,都是人类劳动实践的产物。由此可见,作为大自然或者自然资源本身所具有的内在价值和对人的工具价值都是客观存在于自然生态系统和人类社会系统之中的,在这一点

---

① 马克思恩格斯全集(第19卷)[M]. 北京:人民出版社,1963. 406.
② 马克思恩格斯全集(第26卷)[M]. 北京:人民出版社,1974:326.
③ 马克思恩格斯文集(第1卷)[M]. 北京:人民出版社,2009:192.
④ 马克思恩格斯文集(第1卷)[M]. 北京:人民出版社,2009:192.
⑤ 马克思恩格斯文集(第1卷)[M]. 北京:人民出版社,2009:210.
⑥ 马克思恩格斯全集(第39卷)[M]. 北京:人民出版社,1974:63.

上必须坚持马克思主义的唯物史观立场。一方面，大自然或者自然资源作为人类对象性活动的载体或产物，它在人类社会的存在和发展中所发挥的作用是不容忽视的；另一方面，自然资源之所以能够成为人类对象性活动的载体或产物，很大程度上是由自然界或者自然资源本身所具有的内在特质或属性决定的。

由上可知，马克思主义哲学意义上的自然价值，反映的是自然资源本身所蕴含的优良特质和自然资源对于人类而言的工具价值。那么延伸来看"绿水青山"的内在价值，指的是与人类同根同源的"绿水青山"本身的优良特质(如绿和青等)对于人类社会发展以及整个地球家园的内在意义。如习近平所讲的"人与自然共生共存，伤害自然最终将伤及人类。空气、水、土壤、蓝天等自然资源用之不觉、失之难续"①，"青山就是美丽，蓝天也是幸福"②就是侧重讲自然资源对人类生存意义的重要作用。而"绿水青山"的工具价值，则指的是绿水青山(如森林资源和海洋资源等)可以通过人类的对象性活动使之满足人类生存和发展的多维度需要，进而推动现代文明社会的进步。如习近平在谈到森林资源是人类生存发展的重要生态屏障时，深刻指出："不可想象，没有森林，地球和人类会是什么样子。"③概而言之，无论是"绿水青山"的内在价值抑或工具价值，本质上都共同指向对人民有惠、对社会有用、对国家有利、对人类有益等的整体利益、综合利益和长远利益上。这是一种更深层次的"金山银山"，是人类的巨大财富，正如习近平所言："绿色生态是最大财富、最大优势、最大品牌。"④

我们还应看到，自然资源蕴藏着不可估量的经济价值，保护自然就是增值自然价值和自然资本的过程。承认自然资源的经济价值就是要承认自然资源在价值和财富形成过程中的作用。马克思将之称为"自然富源"。马克思、恩格斯在驳斥当时政治经济学家所谓的"劳动是一切财富的源泉"等

---

① 习近平. 论坚持人与自然和谐共生[M]. 北京：中央文献出版社，2022：93.
② 习近平. 论坚持人与自然和谐共生[M]. 北京：中央文献出版社，2022：11.
③ 习近平. 论坚持人与自然和谐共生[M]. 北京：中央文献出版社，2022：25.
④ 习近平. 论坚持人与自然和谐共生[M]. 北京：中央文献出版社，2022：137.

若干形而上学理论的基础上，深刻阐述了自然资源和劳动一起构成社会财富的两大源泉。恩格斯在《国民经济学批判大纲》中精辟地指出："土地是我们的一切，是我们生存的首要条件"①，是"人的活动的首要条件"②，这样就有了"两个生产要素——自然和人，而后者还包括他的肉体活动和精神活动"③。马克思在《资本论》中多次提到土地的自然力，并把它称为劳动者"原始的食物仓""原始的劳动资料库"④"给劳动者提供立足之地，给他的劳动过程提供活动场所"⑤。可以看出，在他们的诸多著作中，就已经把自然资源和劳动者一起作为人类从事生产活动的原始要素了。马克思还在《哥达纲领批判》中强调指出："自然界同劳动一样也是使用价值(而物质财富就是由使用价值构成的!)的源泉，劳动本身不过是一种自然力即人的劳动力的表现。"⑥马克思批评了拉萨尔强加在劳动之上的超自然的创造力，无视劳动的自然制约性的谬误，进而指明"只有一个人一开始就以所有者的身份来对待自然界这个一切劳动资料和劳动对象的第一源泉，把自然界当做属于他的东西来处置，他的劳动才成为使用价值的源泉，因而也成为财富的源泉"⑦。也就是说，在马克思看来，自然界是劳动者所从事的一切劳动资料和劳动对象的第一源泉，劳动者的劳动无不打上自然界的烙印，自然界和劳动者一样都是创造财富的源泉。在《自然辩证法》中，恩格斯更加直接表达了类似的思想："劳动和自然界在一起才是一切财富的源泉，自然界为劳动提供材料，劳动把材料转变为财富。"⑧这就更加清楚地表明，人类在实践过程中创造社会财富的源泉除了人这一实践主体的劳动以外，还应当包括自然资源这一实践客体，这是不可或缺的两大基本

① 马克思恩格斯文集(第1卷)[M].北京：人民出版社，2009：70.
② 马克思恩格斯文集(第1卷)[M].北京：人民出版社，2009：72.
③ 马克思恩格斯文集(第1卷)[M].北京：人民出版社，2009：67.
④ 马克思恩格斯文集(第5卷)[M].北京：人民出版社，2009：209.
⑤ 马克思恩格斯文集(第5卷)[M].北京：人民出版社，2009：211.
⑥ 马克思恩格斯文集(第3卷)[M].北京：人民出版社，2009：428.
⑦ 马克思恩格斯文集(第3卷)[M].北京：人民出版社，2009：428.
⑧ 马克思恩格斯文集(第9卷)[M].北京：人民出版社，2009：550.

要素。

马克思主义关于自然在价值生成和财富形成的重要思想,不仅在理论上有助于我们对自然价值的科学把握,而且有助于我们深化对人与自然关系理论的创新,更助于我们加深对习近平总书记"两山"理论的理解,进而更好地推进社会主义生态文明建设的发展。"绿水青山"是指自然界中具有良好功能的生态系统,这种自然资源必须具有无穷的经济价值,而"金山银山"是指社会活动中能够满足人们对美好生活向往的物质财富,"金山银山"在某种意义上可以说是"绿水青山"的经济价值的外在呈现。只有保护和珍视好"绿水青山",才能更好地创造源源不断的"金山银山"。由此可见,绿水青山是自然财富、生态财富、社会财富、经济财富的统一体,是可持续发展的"绿色银行"。肯定自然资本就是要承认自然财富可以创造出一个比自身价值更大的价值,承认和确立自然价值和自然资本,可以为资源定价、环境赔偿、生态补偿等生态经济活动提供科学的理论依据。2016年1月18日,在省部级主要领导干部学习贯彻党的十八届五中全会精神专题研讨班上,习近平总书记深刻提出,必须"推动自然资本大量增值","让良好生态环境成为人民生活的增长点",让老百姓"切实感受到经济发展带来的实实在在的环境效益"①。我国地大物博,自然资源丰富,具有丰富的物质资源,但与此同时,人口众多,人均资源极其匮乏。一方面,"绿水青山"作为良好的生态资源,可以为人们提供适宜的生存和生活环境,对人们的身心健康具有重要作用。另一方面,通过"绿水青山"的合理化利用,可以实现自然资本增值和自然财富积累,催生"绿水青山"的经济效益,促进经济生活水平的提高,满足人民群众的多元化需求,实现以良好的生态环境提升生产环境和生活环境的优化。

二、创新和拓展了马克思主义生产力理论

习近平总书记深刻指出,"保护生态环境就是保护生产力,改善生态

---

① 习近平. 论坚持人与自然和谐共生[M]. 北京:中央文献出版社,2022:136.

环境就是发展生产力"①，这是保护和改善生态环境就是保护和改善生产力的全新价值理念，把自然生态环境视为推动生产力发展的活跃因素。这一重要论断科学回答了经济发展与生态环境保护之间的辩证关系，为破解绕不开的是要生态环境还是要经济发展、是要环境保护还是要人民温饱、是要生态环境还是要全民小康等"两难抉择"提供了重要的理论依据。生产力不仅是人类征服、改造自然的能力，而且是人类认识、保护和改善自然的能力；解放和发展生产力，不仅表现在变革生产关系，完善社会体制以适应社会生产力发展的要求，而且表现为保护和改善自然生态环境以满足社会生产力的可持续发展需要。"两山"理论深化和拓展了人们对生产力的内涵及其构成要素的传统认识，是对马克思主义生产力理论的创新和拓展，为新时代社会主义生态文明建设奠定了坚实而科学的理论基础，为进一步推进社会主义生态文明的伟大实践提供了根本遵循。

马克思主义认为，生产力是人类影响自然、利用自然和改造自然的能力，是社会发展的决定性力量，表明的是人与自然界的关系。其基本构成要素包括：生产工具、劳动对象和劳动者。其中，劳动者是生产力中最活跃的因素，生产工具是生产力发展的重要标志。没有优良的自然生态环境、丰富的自然资源，社会生产力的发展也就失去了基本的物质前提。自然生态环境不仅是生产力三个组成要素的最初和最基本的来源，而且是影响生产力发展水平的关键变量。在《资本论》中，马克思提出了"自然生产力"的概念，将生产力系统区分为"劳动的自然生产力"和"劳动的社会生产力"。马克思认为，生产力既包括自然生产力，也包括社会生产力，自然生产力影响并制约社会生产力，二者相互联系、不可分割。马克思指出，"劳动过程的简单要素是：有目的的活动或劳动本身，劳动对象和劳动资料"②，而属自然生产力的生态环境和自然条件就包含在劳动对象这一大基

---

① 中共中央文献研究室. 习近平关于社会主义生态文明建设论述摘编[M]. 北京：中央文献出版社，2017：23.

② 马克思恩格斯文集(第5卷)[M]. 北京：人民出版社，2009：208.

本要素之中。自然界为劳动者提供维系其生存所必需的生活资料；劳动者要进行物质资料的生产，一刻也离不开自然界给予自身的劳动对象；而劳动者的劳动实践本身就是其自身自然与外界自然的物质交换过程，是人的活劳动的耗费，不仅改变自身自然，同时也改变身外自然。可见，生产力本身包含着丰富的生态意蕴，生产力系统是自然生产力与社会生产力的有机统一体。马克思认为，任何社会的再生产过程，不管处于什么样的社会形态，"总是同一个自然的再生产过程交织在一起"①。由此可知，自然生产力与社会生产力也是相互交织与携手并进的。一方面，自然生产力是社会生产力的前提和基础，为其提供物质支撑和动力之源。马克思深刻指出："撇开社会生产的形态的发展程度不说，劳动生产率是同自然条件相联系的。这些自然条件都可以归结为人本身自然(如人种等等)和人的周围的自然。"②在马克思看来，劳动生产率的高低，除了社会的发展和进步程度外，还和自然条件的好坏有很大关系，包括自然资源本身的禀赋，及人们对自然条件应用的能力和水平等。这都充分表明马克思是充分肯定"自然生产力也是生产力"的重要思想的。在马克思看来，"没有自然界，没有感性的外部世界，工人什么也不能创造"③。

马克思根据自然条件在经济上的不同作用，将其分为"生活资料的自然富源"和"劳动资料的自然富源"两大类，前者如土壤的肥力、水等，后者如奔腾的瀑布、可以航行的河流、森林、金属、煤炭等。这样，自然生产力对社会生产力的影响和制约，就包含这两大类自然富源分别对社会生产力的影响和制约。他还揭示了人类发展的不同阶段对两类自然富源的依赖程度，"在文化初期，第一类自然富源具有决定性的意义；在较高的发展阶段，第二类自然富源具有决定性的意义"④。正是因为有了这两类富源，才推动着人类社会的生产生活活动得以顺利进行。另一方面，社会生

---

① 马克思恩格斯文集(第6卷)[M].北京：人民出版社，2009：399.
② 马克思恩格斯文集(第5卷)[M].北京：人民出版社，2009：586.
③ 马克思恩格斯文集(第1卷)[M].北京：人民出版社，2009：158.
④ 马克思恩格斯文集(第5卷)[M].北京：人民出版社，2009：586.

产力也为自然生产力提供技术支持，使其潜能得以广泛应用。马克思指出，由于资本主义大生产，使得大规模地应用机器成为可能，使风、水、蒸汽、电等不费分文的自然力，作为劳动的要素进入劳动过程，使劳动时间缩短，剩余劳动增加，从而使劳动具有更高的生产能力。而要在生产上利用这些自然力，必须借助机器才能占有，只有机器的主人即资本家才能占有它，而"只有在大规模地应用机器，从而工人相应地集结，以及这些受资本支配的工人相应地实行协作的地方，才有可能大规模地应用这种自然力"①。在资本驱使下，大规模机器使用及工人高强度协作，使得规模化使用自然力成为可能，这必然促使劳动生产率的提高，"大工业把巨大的自然力和自然科学并入生产过程，必然大大提高劳动生产率，这一点是一目了然的"②。在马克思看来，在资本主义社会，自然生产力只有当它并入资本，同时借助现代科学技术手段和大规模的机器生产，一并纳入现代化的生产过程，才能真正成为推动社会生产力的动力之源。资本主义社会生产力和大工业的巨大发展，说明人们利用自然力的能力空前提高，使更多的自然力进入生产领域，借助现代化生产工具发挥着巨大的潜能。可以说，马克思主义基于唯物史观的立场，关于自然生产力和社会生产力之间辩证关系的阐释，代表着资本主义工业文明时代对生产力理解的最高水平，不仅充分看到自然生产力对于社会生产力的前提和基础作用，而且充分揭露了资本主义社会条件下，在资本逻辑的驱使下，资产阶级将现代机器体系和科学技术应用于征服自然力，迫使自然生产力从属于社会生产力的丑恶行径。

习近平总书记充分认识到自然生产力的重要性，深化和拓展了马克思主义关于生产力的内涵，提出了"绿水青山就是金山银山"的重要论断，成为指导我国生产力发展的重要理论依据。"绿水青山就是金山银山"包含两层意思，一层意思是，"绿水青山"本身而言就是"金山银山"，这就是马克

---

① 马克思恩格斯文集(第8卷)[M].北京：人民出版社，2009：356.

② 马克思恩格斯文集(第5卷)[M].北京：人民出版社，2009：444.

思所说的"自然富源"，这里的"金山银山"是象征意义上的"金山银山"。"绿水青山"既为人类的生存与发展提供安身立命之所，同时也为生产力的发展提供良好的物质基础和生态优势。正如习近平总书记所说的那样："为什么说绿水青山就是金山银山？'鱼逐水草而居，鸟择良木而栖。'如果其他条件各方面条件都具备，谁不愿意到绿水青山的地方来投资、来发展、来工作、来生活、来旅游？从这一意义上说，绿水青山既是自然财富，又是社会财富、经济财富。"①可见，"绿水青山"除了自然富源外，还具有社会富源和经济富源，良好的生态本身就是一笔巨大的财富，以至习近平总书记直截了当地指出："生态本身就是价值。这里面不仅有林木本身的价值，还有绿肺效应，更能带来旅游、林下经济等。"②另一层意思是，"绿水青山"还可以在一定条件下转化为"金山银山"。这里的"金山银山"是看得见摸得着的"金山银山"，是真正意义上的"金山银山"。习近平总书记曾坦言，40多年前，他在中国西部黄土高原上的一个小村庄劳动生活多年，当时那个地区的生态环境因过度开发而受到严重破坏，老百姓的生活也陷入贫困之中。为此，习近平总书记在陕西、浙江、云南等地考察时，多次提到要坚持生态优先，绿色发展，把生态优势更好地转化为经济优势，把"绿水青山"变成真正的"金山银山"。"希望乡亲们坚定不移走生态优先、绿色发展之路，因茶致富、因茶兴业，脱贫奔小康"，"希望乡亲们坚定不移走可持续发展之路，在保护好生态前提下，积极发展多种经营，把生态效益更好转化为经济效益、社会效益"③，"只要坚持生态优先、绿色发展，锲而不舍，久久为功，就一定能把绿水青山变成金山银山"④。

习近平总书记立足于马克思主义生产力发展的基本立场，应对新时代

---

① 中共中央文献研究室. 习近平关于社会主义生态文明建设论述摘编[M]. 北京：中央文献出版社，2017：23.

② 习近平. 论坚持人与自然和谐共生[M]. 北京：中央文献出版社，2022：141-142.

③ 习近平. 论坚持人与自然和谐共生[M]. 北京：中央文献出版社，2022：139.

④ 习近平. 论坚持人与自然和谐共生[M]. 北京：中央文献出版社，2022：138.

经济社会发展的强烈呼唤，提出"要正确处理好经济发展同生态环境保护的关系"，要求"牢固树立保护生态环境就是保护生产力、改善生态环境就是发展生产力的理念，更加自觉地推动绿色发展、循环发展、低碳发展，决不以牺牲环境为代价去换取一时的经济增长"①。这一重要论述鲜明表达了生态环境与生产力之间的关系，创新性地提出保护生态环境就是保护生产力，改善生态环境就是发展生产力，破坏生态环境就是破坏生产力，并将资源、环境与生态一并纳入生产力范畴，上升到生产力的高度，深刻揭示了生态环境作为生产力内在属性的地位，是对马克思主义生产力理论的重大发展，阐明了"生态本身就是经济"的重要思想。还应看到，在生态环境问题日益凸显的当代中国，与马克思主义生产力理论所不同的是，习近平总书记"两山"理论中的"生产力"概念强调的是人与自然共生与和解意义上的"生产力"概念。基于我国长期粗放型经济发展方式导致的生态系统退化、环境破坏严重、资源约束趋紧的客观现实，习近平总书记非常重视"自然生产力"，更强调"自然生产力"与"社会生产力"的协调和谐与辩证统一，同时充分关注"生产力主体"即劳动者自身的健康和幸福问题。而劳动者的健康和幸福状况与自身所处的自然生态环境有着密切的关系，也就是说，与"绿水青山"这一基本的生存环境需要不无关系。当今社会，空气污染成为"心肺之殇"，饮用水安全、食品安全成为"口腹之患"，环境污染、生态恶化成为"宜居之痛"，正在直接或间接影响着劳动者的生活品质乃至生命健康。对此，习近平总书记一语中的，"如果经济发展了，但生态破坏了、环境恶化了，大家整天生活在雾霾中，吃不到安全的食品，喝不到洁净的水，呼吸不到新鲜的空气，居住不到宜居的环境，那样的小康、那样的现代化不是人民希望的"②。所以说，没有良好的自然生态环境，是不可能滋养出拥有健康身心的劳动者，没有了身心健康的劳动者也不可能创造出源源不断的社会生产力。只有把保护好"自然生产力"和发展

---

① 中共中央文献研究室. 习近平关于社会主义生态文明建设论述摘编[M]. 北京：中央文献出版社，2017：20.

② 习近平. 论坚持人与自然和谐共生[M]. 北京：中央文献出版社，2022：168.

"社会生产力"真正统一起来，只有把"绿水青山"和"金山银山"真正协调起来，才能真正实现经济社会发展和生态环境保护协同推进。

第四节 "两山"理论的重大意义

"两山"理论从区域走向全国，又从全国延伸到了全球，其站在推进中国生态文明建设事业以及共谋全球生态文明建设的战略高度，致力于推动人类命运共同体的建设，在处理生态环境保护和经济社会发展的关系上，指导中国坚定不移走绿色发展道路并助力全球共同走绿色发展之路具有重大的理论和实践意义。美丽中国是共同构建地球生命共同体和人类命运共同体的有机组成部分，"两山"理论在建设美丽中国，引领全球可持续发展，为形成人与自然和谐共生的全球共识，为建设美丽世界提供"中国方案"和"中国智慧"，充分体现了中国作为一个负责任大国应有的格局和担当。"两山"理论从理念的提出，再到实践的推行，再到制度的发展，进一步延伸拓展到全球的视域，开辟了全球生态文明建设的新视野和新境界，成为打开高质量发展之门的一把金钥匙。这一理论不但深刻改变了浙江，还深刻改变了中国，并走出国门深刻影响了世界，是习近平生态文明思想的基本内核，为全球可持续发展、绿色发展提供了全新的更为广阔的想象空间。

一、"两山"理论的区域意义

"两山"理论的提出源于习近平总书记在浙江具体实践考察中总结经验并结合自身之前地方从政的实践和智慧，立足于新时代背景下我国生态环境脆弱制约经济社会发展的现状，从中总结并升华提炼的一个精辟而富有智慧的生态文明建设理论成果。2005 年 8 月 15 日，习近平总书记在湖州市安吉余村正式提出了"绿水青山就是金山银山"的著名论断。经过十余年来坚定践行"绿水青山就是金山银山"的先进理念，安吉余村的绿色发展在当地取得了成功，自然环境得到了巨大的改观，生态产业得到了充分的挖掘，当地百姓的收入水平和生活水平也获得了显著的提高。从 2005 年到

2022年，余村村集体经济收入从91万元上升到1305万元，人均收入从8732元上升到64863元，18年间安吉余村发生了翻天覆地的变化。概而言之，余村主要通过以下三种途径实现绿色发展，增加收入，达到村强、民富、景美、人和的完美统一。第一，积极发展生态农业。安吉余村依托种植无公害农产品、绿色有机食品、特色农产品大力发展生态农业，如安吉白茶和富硒米、农业示范园等，其中安吉白茶，有着"形如凤羽、色如玉霜、甘甜清澈"的美誉，被纳入中国农业品牌名录，凭借标准化、数字化、产业化的经营模式实现了"一片茶叶富裕一方百姓"的美誉。第二，积极发展生态旅游业。旅游经济被誉为"无烟经济"，安吉致力于打造旅游景区和发展乡村旅游两种方式发展生态旅游业，竹乡生态旅游、森林生态旅游成为当地旅游的特色，比如中国竹乡、昌硕故里等是当地的旅游品牌，乡村旅游主要以农家乐、高端民宿和农产品产销馆为主，已经成为安吉余村乡村振兴和经济可持续发展的动力源。第三，积极发展生态工业。安吉余村因地制宜，在原有的传统椅业和竹木制品的基础上进行产业升级，结合绿色创新产业发展如绿色食品、太阳能光伏、特色机电、新型医药以及打造安吉"金三角"新兴产业基地等方式，实现"绿水青山"向"金山银山"的转化。

安吉余村无疑是浙江省践行"绿水青山就是金山银山"理念的生动缩影和美丽样板，事实上，这一先进理念指引着浙江省在全国率先走出一条经济发展与生态环境"并行不悖"的绿色发展之路。在这一思想的正确指导下，浙江省将生态优势转化为经济优势，将环境资本转化为发展资本，谱写了以生态文明建设引领经济转型升级的新时代篇章，不仅生态经济、绿色经济、循环经济获得了长足的发展，总量持续增加，产业结构更加优化，城乡居民收入水平移居全国前列，经济又好又快发展的同时生态环境质量总体保持稳定，环境恶化势头被有效遏制。"绿水青山就是金山银山"的理念已经成为推动浙江省经济社会发展的总方针、总策略。"两山"理念自提出以来，历届浙江省委省政府始终坚持以"两山"理念为指导，不断推进生态文明建设的战略深化，从"生态省"建设到"生态浙江"建设，从"生态浙江"建设到"美丽浙江"建设，从"美丽浙江"建设到"诗画浙江"建设，在一步步的战略推进中，浙江一方面始终紧紧抓住"绿色"这一主线，另一方面又不断充实了审美和文化等多重内涵。正是在"两山"理念指导下，浙江省率先创建成功全国第一个生态县——浙江省安吉县；浙江省省会城市杭州市被习近平总书记誉为"生态之都"；浙江省率先创建成功全国第一个生态省；习近平同志亲自倡导并在践行"两山"理念过程中不断深化的"千村示范、万村整治"工程荣获联合国环保最高荣誉——"地球卫士奖"。可以说，浙江省是全国生态文明建设的"优等生"和"示范生"。正是因为浙江各方面工作都做到了"干在实处，走在前列"，2020 年 4 月，习近平总书记再次考察浙江时，对浙江提出了"要努力成为新时代全面展示中国特色社会主义制度优越性的重要窗口"的殷切期望，就生态文明建设而言，"绿水青山就是金山银山"理念不仅要指导浙江省率先建成美丽浙江，而且要指导浙江省成为美丽世界的"重要窗口"。

二、"两山"理论的全国意义

改革开放之后相当长的时间里，"发展才是硬道理""发展是第一要务""抓住经济建设这个中心不放"等观念，从干部到群众，日益深入人心。在不遗余力发展经济的进程中由于缺乏对环境保护的足够重视，导致我国的生态环境在生产和生活实践过程中遭受较为严重的破坏，近年来我国因生态环境脆弱引发一系列环境问题乃至社会问题，使生态环境问题成为制约经济社会发展的短板之一。坦率地讲，经过几十年的快速发展，我国在经济方面确实取得了非常可观的骄人成绩，我国综合国力跃居世界第二，综合国力和国际影响力不断提高。所以，一味地去否认"GDP 无用论"也是有失偏颇的，但是必须正视的客观事实是，发展中的不平衡、不协调、不可持续的问题依然非常突出，加上资源禀赋、要素制约和结构瓶颈等因素使得污染型、粗放型、短视型的发展更加难以为继。我们似乎进入了一个绕不开的"两难"悖论，选择要经济发展就难免要对环境造成伤害和破坏，选择了要保护生态环境就要面对经济增速放缓的现实，前一种选择直接导致一些领导干部"唯 GDP 论",甚至为了追求地方政绩盲目上马一些污染项目,后一种选择导致地方干部不敢迈出发展的步伐,甚至成为个别领导干部懒政和怠政的借口。为了更好地解决中国的生态环境问题,我国在生态文明建设与经济发展的道路上不断探索,以期寻找到一条能正确处理经济发展与生态环境关系的发展新道路。这条道路既不是只侧重发展经济,也不是只侧重保护环境,而是要寻找到一条经济发展和保护环境同向同行、互促共进的整体和谐的可持续的发展之路。

为破解这一"两难"悖论,2005 年 8 月 24 日,时任浙江省委书记的习近平同志深刻提出:"绿水青山与金山银山既会产生矛盾,又可辩证统一。在鱼和熊掌不可兼得的情况下,我们必须懂得机会成本,善于选择,学会扬弃,做到有所为、有所不为,坚定不移地落实科学发展观,建设人与自然和谐相处的资源节约型、环境友好型社会。在选择之中,找准方向,创造条件,让绿水青山源源不断地带来金山银山。"①这里的"有所为"是指贯彻和落实科学发展,提倡和践行绿色发展,积极发展生态农业、生态工业、生态旅游业,实施绿色生产、绿色消费、绿色技术,实现经济发展由"黑色发展"转向"绿色发展",促进"绿水青山"向"金山银山"的有效转化,实现经济发展与环境保护的"双赢"。"有所不为"则是指一定要坚决摒弃违反"两山"理论的错误做法,不做违背自然规律强行发展经济的蠢事,不以邻为壑,不损害大自然、子孙后代和人类的整体利益。诚如习近平总书记所言:"我们强调不简单以国内生产总值增长率论英雄,不是不要发展了,而是要扭转只要经济增长不顾其他各项事业发展的思路,扭转为了经济增长数字不顾一切、不计后果、最后得不偿失的做法。"②这即是说,我们要经济发展,只是不要以破坏"绿水青山"为巨大代价而换来的经济发展,要保护好"绿水青山",充分发挥"绿水青山"的经济效益。"绿水青山就是金山银山"理念表明,发展道路上既要有"绿水青山"也要有"金山银山",既

① 习近平. 之江新语[M]. 杭州:浙江人民出版社,2013:153.
② 中共中央文献研究室. 习近平关于社会主义生态文明建设论述摘编[M]. 北京:中央文献出版社,2017:23.

要重视"金山银山"，更要重视"绿水青山"。

"绿水青山就是金山银山"理念的主旨是绿色发展，遵循人与自然和谐共生的自然规律和经济与生态和谐发展的社会规律，它来源于实践并用于指导全国生态文明建设实践。"两山"理论自提出以来，不但指导浙江生态文明建设取得成功，现今也在全国范围内开展"两山"理念的实践活动。除了浙江的"安吉生态立县模式"，还有福建的"三明林权改革模式"，江西的"崇义生态+模式"，贵州"棉屏县'五林经济'模式"等地方实践，充分彰显了"绿水青山"的经济价值和经济优势，当地老百姓由于践行"两山"理念，摆脱了经济贫困，走上了生态致富之路，过上了美丽的新生活。概而言之，践行"绿水青山就是金山银山"理念，就是将绿、富、美融入到经济发展之中，实现生态经济化和经济生态化的辩证统一。一方面，要千方百计把"绿水青山"转化为"金山银山"，把生态优势转化为经济优势，实现生态效益与经济效益的统一。对于生态环境优质但经济欠发达的地区，要把优质的生态坏境看做经济发展的基础，把生态资本转化为富民资本，培育绿色经济增长点，生态环境不仅自己可以用，也可以有偿供给他人用，使生态资源发挥经济价值，实现生态的经济化。另一方面，要按照生态文明的原则、理念和要求，突出转型发展，宜农则农，宜工则工，宜商则商，推进绿色农业、绿色工业、绿色服务业发展，从生产到消费，再到流通，使每一个环节都实现绿色化、循环化、低碳化，实现经济的生态化。对于经济社会发展水平好但生态环境脆弱的地区，首要的任务就是保护生态、修复环境，绝不能以消耗资源和破坏生态换取一时的经济增长，以节能减排、循环经济、生态环保等为抓手，加快转变发展方式，推行绿色制造和清洁生产，要扶持生态驱动型、绿色循环型、环境友好型产业快速发展，将绿色理念融入社会生产的各个环节，做大现代绿色休闲健康服务业，从而实现产业的生态化和消费的绿色化。

三、"两山"理论的世界意义

"绿水青山就是金山银山"理念有助于推动国际公平和国际正义的健康

发展。曾经相当长的一段时间里，西方发达资本主义国家控制着国际政治和经济旧秩序，大肆推行生态殖民政策，资本的反生态本性可见一斑。在过去的工业革命时期，西方发达资本主义国家为了发展本国经济，追逐高额利润，不仅疯狂掠夺和破坏别国资源，而且任意排放有害物质，污染和毒化本国和别国环境。资本逻辑主导下的西方发达资本主义国家，在高额利润的驱使下，势必突破资源环境的承载限度，造成自然环境的持续破坏。为了转嫁生态灾难，它们利用发展中国家急于发展经济的契机，打着以改善人类生存为名的幌子，实则是把高污染高能耗的产业向发展中国家转移，诱使它们吞下环境污染的苦果。不仅如此，西方发达资本主义国家还利用国际经济旧秩序，大肆掠夺发展中国家的自然资源特别是稀缺能源，以满足本国经济的高速发展特别是垄断资本集团的高额利润。这样的行为严重损害了发展中国家的利益，是一种国际不公平的体现，不利于国际正义的发展。习近平总书记提出"绿水青山就是金山银山"的科学理念，生动诠释了生态环境对人类生存和发展的极端重要性，以及良好的生态环境背后所蕴藏的巨大经济价值。"两山"理论在国际上的广泛传播和高度认同，有助于世界各个国家和地区充分意识到保护本国良好生态环境不仅对本国人民以及子孙后代的发展十分重要而且意义重大，妥善处理好生态关系间的公平正义问题，协调好、维护好人类代内、代际的生态权益和生态义务。"两山"理论在国际上的广泛关注和高度赞誉，还可以激发各个国家和地区对生态环境保护的重视程度，从而能够有效减少或遏制部分发达国家对发展中国家故意而为之的污染转移和资源掠夺等情况的发生，有助于推动国际公平和国际正义的健康发展，共谋全球生态文明建设的未来。

"绿水青山就是金山银山"理念有助于推动构建生态发展的中国话语体系。从实践层面来讲，长期以来，在生态文明建设领域都是西方国家处于主导地位。西方发达国家曾经走过一条"先污染，后治理"的路子，在当今的环境治理和生态保护上理应负起更大的历史责任，并为发展中国家提供援助，使发展中国家转向绿色发展，共同守护人类的绿色家园，这才符合平等互信、包容互鉴、合作共赢的国际正义原则。然而事实是，发达国家在享受自身的发展成果时，却甚少愿意承担守护人类绿色家园的义务，反而更多地把责任推给发展中国家。作为世界上最大的发展中国家，中国因为碳排放量问题备受西方发达国家的指责，甚至成为发达国家围攻的对象。一些发达国家对我国大打"环境牌"，多方面对我国施压，围绕生态环境问题的大国博弈越来越激烈。因此，如何积极主动构建生态发展的中国话语体系，成为中国在国际气候谈判以及其他领域开展工作的必然要求，"绿水青山就是金山银山"理念的成功实践无疑适应了这一需要。习近平总书记深刻指出："降低二氧化碳排放、应对气候变化不是别人要我们做，而是我们自己要做。实现碳达峰、碳中和是我国向世界作出的庄严承诺，也是一场广泛而深刻的经济社会变革，绝不是轻轻松松就能实现的。"[1]可见，中国正在不遗余力地推进经济发展方式和生活方式的深刻变革，积极践行"两山"理论，坚持不懈地推动绿色发展转型，展现中国负责任大国的国际形象。随着经济全球化与国际交流合作的日益深入，世界各族人民正在成为你中有我、我中有你的命运共同体，任何国家和地区的生态环境问题都值得全球共同重视、找出应对解决策略，共同维护人类共同栖居的美好家园。从理论层面来讲，"可持续发展""循环经济""低碳经济"等核心概念均源自西方国家，对中国来说是名副其实的"舶来品"。随着习近平总书记在国际场合多次提出"两山"理论，"绿色发展""生态产品""自然资源资产"等源自中国话语体系的生态文明的核心理念逐渐被越来越多的西方国家所接受。2016 年 5 月 26 日，第二届联合国环境大会高级别会议发布了《绿水青山就是金山银山：中国生态文明战略与行动》报告。联合国环境规划署前执行主任施泰纳表示，可持续发展的内涵丰富，实现路径具有多样性，不同国家应根据各自国情选择最佳的实施路径。中国的生态文明建设是对可持续发展理念的有益探索和具体实践，为其他国家应对类似的经济、环境和社会挑战提供了经验借鉴。近年来，正是凭借综合国力和国际影响力的不断提升和在生态文明建设方面付诸的不懈努力，社会主义中国

---

① 习近平谈治国理政(第四卷)［M］. 北京：外文出版社，2022：363.

在生态文明国际话语体系中赢得了应有的尊重和信任。

"绿水青山就是金山银山"理念为其他国家妥善解决生态与经济问题提供了中国方案、中国智慧、中国力量。"两山"理论不仅获得了国际社会的高度认可和广泛好评，而且以"两山"理念为指导的生态文明建设的"中国做法""中国方案""中国经验"也得到国际社会的广泛赞誉和学习借鉴。"两山"理论尽管诞生于中国，却可运用于全世界。有学者明确指出，"两山"理论在中国的成功实践能给国际上其他国家提供发展和生态共赢的成功方案、成功样本，从而有利于借鉴中国做法并找到一条适合本国生产发展、生活富裕、生态良好的绿色发展之路。比如，库布其沙漠的治理，就成功践行了"两山"理念，不仅成为中国的一张靓丽的绿色名片，而且"库布其治沙模式"被联合国环境规划署确定为"全球沙漠生态经济示范区"，它为世界防治荒漠化贡献了"中国智慧"，提供了"中国方案"。中国将治沙技术和防治经验分享给俄罗斯、哈萨克斯坦、伊朗、蒙古等国家和地区，为受援国乃至全球在风沙危害防治与可持续发展方面做出了重要贡献。泛非"绿色长城"组织秘书处高级主管马塞兰·萨努曾两次来华学习治沙经验，非常认同中方提出的绿水青山就是金山银山理念。在他看来，中国的防沙治沙举措有效保护了生态环境，实现了从"沙进人退"到"绿进沙退"的历史性转变。[①] 通过借鉴我国的绿色发展经验，其他发展中国家可以少走发展的弯路，避免走西方发达国家"先污染，后治理"的高成本发展老路。再如，中国的菌草技术使我国西北和华北等地在治理土地荒漠化方面取得了成功，并在治理流动沙丘等方面也取得了明显成效，目前，该技术已经广泛传播到中非共和国、老挝等全球100多个国家和地区。此外，党的十八大以来的这十几年间，萌发并不断发展丰富的"绿水青山就是金山银山"理念，不仅为我国绘就新时代乡村振兴画卷、建设美丽中国提供了坚强指引，还跨山越海，为解决世界性的生态危机和生态灾难提供了中国智慧，贡献了中国力量。"两山"理论是推动乡村振兴的重要抓手，是贯彻和落实

---

① 为促进人类社会可持续发展贡献中国智慧[N]. 人民日报, 2023-07-20(2).

乡村振兴的行动指南和基本遵循。在"两山"理论的指导下，中国的乡村充分利用当地的生态资源，将乡村旅游与地方特色文化相结合，将乡村生态优势转化为生态农业、生态旅游业等经济优势，凸显乡村特色文化，让乡村面貌"美起来"，让乡村生活"富起来"，呈现出一幅山水林田湖一体的美丽画卷，中国乡村展现出蓬勃生机和无限活力。阿联酋前驻华大使白伊塔尔表示，中国在打好脱贫攻坚战的同时，能秉承"绿水青山就是金山银山"理念，平衡环境保护与经济发展的关系，通过采取务实有效的措施改善治理环境，为实现中国的可持续发展奠定了良好的基础，展现了中国负责任的大国形象。由此可见，"两山"理论对于美丽世界的建设、地球生命共同体和人类命运共同体的建设、全球生态与经济的可持续发展等都具有十分重要的指导意义和现实意义。

第三章　生态民生观：良好生态环境是最普惠的民生福祉

　　"环境就是民生，青山就是美丽，蓝天也是幸福。"①习近平总书记高度关注百姓民生问题，始终把不断实现人民群众对美好生活的向往放在重中之重的位置。"生态环境是关系党的使命宗旨的重大政治问题，也是关系民生的重大社会问题。"②习近平总书记立足中国特色社会主义进入新时代和我国社会主要矛盾的新变化，运用马克思主义辩证唯物主义和历史唯物主义的思维方法，鲜明地提出了"良好的生态环境是最公平的公共产品，是最普惠的民生福祉"③等著名论断，深刻揭示了优美生态环境是人民群众美好生活需要的重要内容，主张在推动社会生产和经济发展的同时，以营造优良的自然生态环境为手段，在满足人民群众对生存条件和生活条件要求的基础上，促进人与自然和谐相处，实现经济与社会的高度和谐，最终实现生态惠民、生态利民、生态为民的终极目的，从而形成了具有中国特色的新时代生态民生观。

第一节　新时代生态民生观的科学内涵

　　中国共产党和中国政府一直以来都非常重视解决人民群众普遍关切的

① 习近平. 论坚持人与自然和谐共生[M]. 北京：中央文献出版社，2022：11.
② 习近平. 论坚持人与自然和谐共生[M]. 北京：中央文献出版社，2022：8.
③ 习近平. 论坚持人与自然和谐共生[M]. 北京：中央文献出版社，2022：26.

民生问题。何谓"民生"？"民生"是一个地道的中国式表达，《辞海》对"民生"的解释是"人民的生计"。"民生"主要是指人们的基本生存状态和生活状态，以及人们的基本发展机会、基本发展能力和基本权益保护状况等，具体涉及劳动就业、社会福利、义务教育、医疗保障、基本住房、最低生活保障、社会救助等。随着改革开放历史进程的不断推进，中国老百姓已经从过去的"盼温饱""求生存"变为现在的"盼环保""求生态"，生态环境问题跃升为重大的民生问题。习近平总书记深刻指出，我国经济快速发展积累下来的环境问题的高强度频发多发的问题，"既是重大经济问题，也是重大社会和政治问题"[1]。这即是说，生态环境问题直接反映了经济增长方式的问题，如果处理不好和处理不当，会衍生为重大的社会问题和政治问题。生态环境问题乃至由此引发的环境群体性事件如果得不到有效解决，势必会严重损害党和政府的公信力，正是在这样的特殊语境下，习近平总书记将生态环境与民生福祉高度统一，将生态文明建设与人民生产生活需求有机融合，超越了传统民生囿于物质范畴的片面理解，创造性地提出了丰富深刻的新时代生态民生观，其科学内涵可概括为生态民生本质论、生态民生指向论、生态民生价值论和生态民生目标论。

一、生态民生本质论："环境就是民生"

"民之所好好之，民之所恶恶之。"[2]民生问题是最根本的社会问题，是事关人民群众最直接、最关心、最现实的生存和发展权益问题。民生问题涉及方方面面，具体涵盖生态环境、政治参与、教育卫生、就业收入、社会保障等一系列现实问题。一般而言，民生问题又集中体现为经济民生和生态民生两大类。其中，通过发展经济以解决温饱和走向全面小康为主要目标的是经济民生，主要针对的是人民的"肠胃之饥"；通过保护生态环境以解决影响人的生存和发展的生态危机和生态矛盾为主要目标的则是生

①　中共中央文献研究室. 习近平关于社会主义生态文明建设论述摘编[M]. 北京：中央文献出版社，2017：4.

②　习近平. 论坚持人与自然和谐共生[M]. 北京：中央文献出版社，2022：11.

态民生，主要致力于解决人民的"心肺之患"①。无论是经济民生还是生态民生，都是老百姓面临的非常现实的问题，无所谓孰轻孰重，只是不同社会发展阶段的侧重点不同而已。正如习近平总书记所言："青山就是美丽，蓝天也是幸福。发展经济是为了民生，保护生态环境同样也是为了民生。既要创造更多的物质财富和精神财富以满足人民日益增长的美好生活需要，也要提供更多优质生态产品以满足人民日益增长的优美生态环境需要。"②马克思主义辩证唯物主义自然观认为，人类诞生于自然界，是自然界的一部分，自然界为人类提供维系其生命体所必需的物质食粮和精神食粮，人须臾离不开自然界所给予的土壤、水源、空气和粮食等自然环境和自然资源而独立存在。生态环境是人类赖以生存和发展的基础和前提，生态环境的优劣，直接影响人类的身心健康和生存状态，影响人类的生活质量和生命品质，因而构成了人类最直接、最现实、最可持续的民生议题。也就是说，生态环境问题不仅是自然环境本身的可持续性问题，更是事关人类生存和发展的重大民生问题。

人因自然而生，自然是人的衣食父母，人与自然是生命共同体，唯有护佑好自然才能保证人类得以正常繁衍，从这个意义上来讲，保护生态环境本质上就是保障民生。中国传统生态文化倡导"天人合一"，天和人同质同构、同形同性。儒家文化强调"事各顺于名，名各顺于天。天人之际，合而为一"。天和人是一个整体，人与自然本质上是相通相应的，人类社会发展必须与自然发展相一致，必须遵循自然伦理。"天人合一"也是道家的重要理念，庄子的"天地与我并生，而万物与我为一"指出天地万物共同融通于自然，没有物我之别、大小之分。进入新时代，习近平总书记充分汲取中华传统生态文化的思想精华，继承和发展了古圣先贤"天人合一"的生态智慧，创造性地做出"环境就是民生"的新阐释，彰显了生态环境的民

---

① 罗志勇. 习近平生态文明思想中的生态民生观[J]. 南京林业大学学报（人文社会科学版），2021(6)：36.

② 习近平. 论坚持人与自然和谐共生[M]. 北京：中央文献出版社，2022：11.

生本质，为我们开展生态民生工作指明了方向。这一重要思想认为人和自然是一个整体，保护生态环境就是保护人民的生存和发展基础，人民只有基本的生存发展需求满足了，整个社会才能得以持续向前发展。但由于人为的对自然资源的不合理利用和过度攫取，造成了环境污染、资源短缺、生态系统退化，使得许多生态环境问题凸显出来，严重影响了人民的生命健康。人们逐渐认识到生态环境的好坏直接关系到自身的生活质量，也关系着社会的整体和谐与安定。在改革开放之后相当长的时间里，我国一心一意抓经济建设，政府对生态环境问题重视不足，再加上认识上的偏差，过度注重 GDP 增速，仅仅把生态环境作为经济社会发展的条件和动力，并没有把生态环境作为民生问题来看待。习近平总书记直接指出"环境就是民生"，将生态环境直接定义为民生或民生的一部分，这意味着保护生态环境不再是民生建设的条件或手段，而就是民生建设本身。这一重要论述是我们党在生态文明建设思想史上的一次深刻变革，是生态文明建设认识史上的一次伟大飞跃，也是一场关乎民生福祉的重大变革，必将大大增强政府的环保执行力。

二、生态民生指向论："绿水青山是人民幸福生活的重要内容"

"人民对美好生活的向往，就是我们的奋斗目标。"①人民群众对幸福生活的追求是永恒不变的主题，但是不同发展阶段对于幸福生活的定义和需求却不尽相同。新中国成立之初，面对千疮百孔、百废待兴的客观现实，人们最关注的是如何解决温饱问题，无暇顾及生态环境变化对自身健康及后代永续发展的影响。此时，满足人们对物质生活的需要成为民生问题的核心，物质民生被理解为当时民生建设的中心内容，环境保护或生态建设之于人民幸福生活的重要性尚未引起足够重视。改革开放 40 多年来，我国经济社会得到快速发展，广大人民的生活水平和收入水平都在不断提高，人民群众对于幸福生活的理解也在悄然发生变化，特别是进入新时代

---

① 习近平谈治国理政[M]．北京：外文出版社，2014：4．

以来，伴随着社会主要矛盾的转换，人民群众对于美好生活的追求不断攀升，生态需求日益上升为民生需求中极其重要的一部分。

实践充分证明，经济社会发展和环境保护并不矛盾，可以相辅相成、协调统一。经济的高质量发展是推动社会进步和实现人的全面自由发展的物质条件，优美的生态环境则是人实现可持续发展和幸福美好生活的必要条件。总而言之，一切的发展的最终指向都是人民，最终的价值旨归是人民的幸福生活。随着经济和社会的发展，人们开始意识到，在高污染高消耗高排放的发展模式的背景下，即使实现了经济增长的可观目标，但是自身的幸福感却在急剧下降，一系列的环境问题和人类健康问题如影随形。因此，人们逐渐将良好的生态环境视为幸福生活的一个重要组成部分，人们对幸福生活的认知和界定从对基本生存的需求转变为对绿水青山的渴望。正如习近平总书记所说的那样："对人的生存来说，金山银山固然重要，但绿水青山是人民幸福生活的重要内容，是金钱不能替代的。你挣到了钱，但空气、饮用水都不合格，哪有什么幸福可言？"①如今，在快节奏大都市生活的人们，越来越喜欢利用周末和节假日走进大自然，放松身心、舒缓压力和陶冶情操，还有些人甘愿"逃离"高楼林立的大城市，放弃令人艳羡的都市工作，转向拥有绿水青山的城镇和乡村，过起慢节奏的诗意田园生活。凡此种种，无不说明当代人的主观幸福感的获得相当一部分源于绿水青山，源于优美的生态环境。因此，新时代加强生态文明建设，不仅是提高人民生活质量和生活品质的重要途径，更是提升人民的精神境界、增强人民的幸福感和获得感的有效途径。

三、生态民生价值论：良好生态环境是最普惠的民生福祉

"利民之事，丝发必兴；厉民之事，毫末必去。"②有利于百姓的事再小也要做，危害百姓的事再小也要除掉。2013年4月10日，习近平总书

---

①　习近平. 论坚持人与自然和谐共生[M]. 北京：中央文献出版社，2022：26-27.

②　人民日报评论部. 习近平用典[M]. 北京：人民日报出版社，2015：21.

记在海南考察时强调指出："良好的生态环境是最公平的公共产品，是最普惠的民生福祉。"①这一科学论断不仅直接表明了生态环境的重大民生价值，而且彰显了生态环境资源的"最公平""最普惠"的鲜明特征，充分体现了建设生态文明是民之所想、民之所急、民之所盼。公共产品是关系到社会成员切身利益的基础设施、公共服务体系，它以公平公正为基本原则，以满足民众需求为价值指向，最突出特点就是在使用上具有非竞争性，在收益上具有非排他性。人人都有利用生态环境资源的机会与权利，生态环境具有典型的公共产品特征。不仅如此，良好的生态环境不仅是一种公共产品，而且是一种"最公平"的公共产品，这是生态环境与其他公共产品的最本质区别。然而在现实生活中，这种"无差别原则"在不同的公共产品中表现不尽相同。譬如，医疗服务、教育资源、公共卫生、社会保障等民生领域在享用的过程中或多或少都会因为地域、贫富、职级、年龄等因素的不同与其他受益群体相区分。但生态环境却与其他公共产品有很大差异，干净的水、新鲜的空气、放心的食品、优美的生态环境公平地对待每一个人，不看出身，不分贵贱，人人可以享有；全球气候变暖、臭氧层破坏、生物多样性减少、森林锐减、土地荒漠化、海洋污染等问题公平地对待每一个人；富人可以购买空气清洁设备净化污染的空气，但清新的空气不会因为富人的富有而区别性"特供"，也不会因为穷人的窘迫而选择性"断供"。全球化的大背景下，生态环境破坏带来的危害深深地影响着每一个人，同理，生态环境的改善带来的好处也深深地惠及每一个人。任何人都不可能独善其身，更不可能退回到一个孤岛，大家同呼吸、共命运，是休戚与共的生命共同体关系。因而，良好生态环境是最公平的公共产品，是最普惠的民生福祉，每个身处特定环境中的个体都是生态环境的利益攸关者，既有享受生态福利的权利，更有保护生态环境的义务。

　　良好的生态环境是人类生存发展的重要保障，可以为我们提供生存和发展所需的生态产品和服务。作为一种特殊的公共产品，生态环境涉及的

---

①　习近平. 论坚持人与自然和谐共生[M]. 北京：中央文献出版社，2022：26.

主体更为广泛，人民群众是良好生态环境的直接享用者和最大受益者。随着国家对生态文明建设的重视，公平地享有良好的生态环境已逐步成为人民群众的一项基本的权益，是广大人民群众最普惠的民生福祉。生态环境对于人民群众的"最普惠性"不仅表现在代内普惠，而且表现在代际普惠。所谓"代内普惠"，是指生活在同一时代的人，不论身处哪个国家，不分种族、性别、信仰，都能享受到良好生态环境带来的益处。"代际普惠"是指不同时代的人尤其是当代人和后代人之间的共享，当代人为生态环境所做出的努力，不仅使自己受益，也让后代得到实惠。① 新时代这十年间，我国部署推进打好大气、水体、土壤污染防治攻坚战，成为广泛高效开展生态治理最具代表性的国家，美丽中国建设迈出新步伐，治理生态危机的魄力惊叹世界。同时，还应看到，中国在积极推进和加强自身生态环境治理时，还主动给其他国家特别是发展中国家提供技术援助和资金支持，帮助发展中国家改善生态环境，实现环保和减贫相互促进、共同发展，尽最大努力让全球民众共享生态民生的积极成果。由此可以看出，中国不仅是代内普惠的积极倡导者，而且是代内普惠的坚定践行者。

四、生态民生目标论：为人民创造良好的生产生活环境

习近平总书记指出："我们的人民热爱生活，期盼有更好的教育、更稳定的工作、更满意的收入、更可靠的社会保障、更高水平的医疗卫生服务、更舒适的居住条件、更优美的环境，期盼孩子们能成长得更好、工作得更好、生活得更好。人民对美好生活的向往，就是我们的奋斗目标。"② 由此可见，积极回应人民群众对美好生活的向往，大力推进生态文明建设，解决人民群众在优美生态环境方面的需要问题，就是我们党的奋斗目标和光荣使命之一。随着中国特色社会主义进入新时代，我国因经济的快速发展积累下来的环境问题进入了高强度频发阶段，对广大人民群众的生

① 张叶，殷文贵．习近平生态民生思想探要[J]．山西高等学校社会科学学报，2018(9)：1-5.
② 习近平谈治国理政[M]．北京：外文出版社，2014：4.

产和生活造成了严重的威胁，也成为全面建成小康社会的短板。虽然我国已经基本解决了老百姓的温饱问题，但还无法完全满足人民群众对日益增长的优质生态产品的追求，生态环境问题日益成为民生之患、民心之痛。"发展是硬道理""发展是党执政兴国的第一要务"，但这并不意味着可以不顾一切、不计后果、最后得不偿失换取一时的经济增长数字，社会主义经济发展绝不能以牺牲人民群众赖以生存的优美生态环境为惨痛代价。我们不是不要发展，而是不要破坏生态环境和人民基本生存需要的发展，因为生态环境质量的好坏直接影响人民群众的生命和健康状况，而且广大人民群众是中国特色社会主义事业发展和建设的主体，如果无法保障人民群众最基本的生命安全和生产安全，一切的发展和建设都将无从谈起。因此，党和国家必须始终重视生态文明建设，改善人民群众的生产和生活环境，为实现社会主义现代化国家和中华民族永续发展争取最大的主体力量支持。

良好的生产生活环境是人类赖以生存发展的根本，其中大气、水、土壤是人类生存发展最基本的条件，是老百姓开展正常的生产生活的自然根基。良好的生产生活环境最终会造福人类，将生态效益转化为实实在在的经济效益，为城市和农村的发展注入新的活力和动力，为老百姓走上致富之路提供新的可能和机遇。现阶段，人民群众对优质生态产品的需求越来越迫切，但我国大气污染、水污染、土壤污染现象仍然严重，严重影响了老百姓的生产生活。党的十八大以来，为实现生态环境优美的民生目标，党中央对生态文明建设作了科学谋划，全面部署了环境保护与生态建设相关的重要任务。在顶层设计上，优化国土布局，规划生态保护空间格局；在产业发展上，调整产业结构，大力创新绿色科技，依托绿色科技发展战略性新兴产业，发展循环经济；在生活方式上，光盘行动、垃圾分类、节约用水等促使人们养成简约适度、绿色低碳、文明健康的生活理念和消费行为；在法律保障上，建立一套系统完备、科学高效的生态文明制度体系，开展全面彻底的生态环境保护督查，等等。生态文明改革的系统性、整体性、协同性的不断增强，引领我国生态文明建设向纵深方向发展，为人民群众创造了良好的生产生活环境，巩固了全面建成小康社会的重大战略成果。

第二节　新时代生态民生观的鲜明特质

新时代生态民生观从理论建构层面创新了独特的逻辑表达方式，生动诠释了生态理念与民生理论紧密相连的辩证关系。习近平总书记曾说："优秀传统文化是一个国家、一个民族传承和发展的根本……我们要善于把弘扬优秀传统文化和发展现实文化有机统一起来……在学习、研究、应用传统文化时坚持古为今用、推陈出新，结合新的实践和时代要求……坚持有鉴别的对待、有扬弃的继承……努力实现传统文化的创造性转化、创新性发展，使之与现实文化相融相通。"①新时代生态民生观把前人著述的"自然观"和"民本观"创造性地发展为"生态民生观"，从而实现了生态与民生的有机融合和辩证超越。同时，"环境就是民生""良好生态环境是最普惠的民生福祉"等新颖表述，是对以往生态民生理论的话语重塑，深刻反映了新时代生态民生观对构建中国特色哲学社会科学话语体系的重大突破。习近平生态民生观不仅为新时代民生建设增添了新维度，还为生态建设提出了新目标与新要求，同时具有鲜明的时代特色，为解决在民生建设中面临的难题以及促进中华民族永续发展指明了方向。习近平总书记关于新时代生态民生观的鲜明特质主要体现在：突出问题导向、因地制宜的实践性；彰显生态惠民、生态利民、生态为民的人民性；主张统筹规划、协调推进的系统性。

一、唯物论：突出问题导向、因地制宜的实践性

马克思强调，"真正的批判要分析的不是答案，而是问题"，"问题就

① 习近平著作选读（第1卷）[M]. 北京：人民出版社，2023：281.

是时代的口号，是它表现自己精神状态的最实际的呼声"①。坚持问题导向是马克思主义最鲜明的方法论，其实质是一个及时发现问题、科学分析问题、着力解决问题的过程。习近平生态民生观着眼生态民生领域存在的一系列现实问题，目的是解决我国发展面临的生态环境恶化与人民民生需求之间的矛盾，是在实践中检验和总结、在实践中发展创新的理论，具有鲜明的实践性品格。在中国特色社会主义新时代的语境下，随着我国社会主要矛盾的转化，人民群众的需求层次逐渐提高，更加渴望美好生活乃至高品质生活，更加注重现实生活中的安全感、获得感和幸福感。而这些主观幸福感的获得，除了物质层面的满足之外，还有人民群众渴望拥有的更加清洁舒适宜居的优美生态环境。从某种程度上来讲，生态环境问题已经成为人民群众最关注的民生问题之一，成为严重影响人民幸福指数的难题之一。习近平总书记深刻指出："人民群众对环境问题高度关注，可以说生态环境在群众生活幸福指数中的地位必然会不断凸显。随着经济社会发展和人民生活水平不断提高，环境问题往往最容易引起群众不满，弄得不好也往往最容易引发群体性事件。"②由此可见，生态环境问题客观存在，但并非独立出现、直接浮于事物表面，而是经常与老百姓的身体健康和生命安全等民生问题交织在一起，由生态危机和环境问题引发的社会问题更应当引起我们的高度重视。

党的十八大以来，习近平总书记坚持问题导向，重视解决人民群众高度关注的突出环境问题，强调要加强生态环境治理力度，不断改善现有人居环境，保障广大人民群众的身体健康与生命安全。随着现代化、城镇化和工业化进程的加速推进，我国广大地区的环境污染和生态破坏日益严重，雾霾等灾害性天气、一些地区饮用水安全和土壤重金属含量过高等严重环境污染问题集中暴露，威胁人民群众的身体健康，给人们正常的生产和生活带来了巨大困扰。针对空气、水、土壤等自然资源严重污染给人民

① 马克思恩格斯全集(第40卷)[M].北京：人民出版社，1982：289-290.
② 习近平.论坚持人与自然和谐共生[M].北京：中央文献出版社，2022：33.

群众身体健康带来的危害，习近平总书记在 2016 年全国卫生与健康大会上深有感触地说："经过三十多年快速发展，我国经济建设取得了历史性成就，同时也积累了不少生态环境问题，其中不少环境问题影响甚至严重影响群众健康。老百姓长期呼吸污浊的空气、吃带有污染物的农产品、喝不干净的水，怎么会有健康的体魄？"①可见，党和政府以对人民健康高度负责任的态度，下大力切实解决影响人民群众健康的突出环境问题。针对各地雾霾天气频发多发，社会反映强烈，习近平总书记还引用白居易诗句"回头下看人寰处，不见长安见尘雾"来类比如今雾霾的严重情形，还特别提到北京雾霾严重可以用"高天滚滚粉尘急"②来形容，不仅严重影响人民群众身体健康，而且严重影响党和政府形象。习近平总书记还高度关注全国地下水污染加剧的问题："地下水污染状况不像雾霾，人人看得见，还没有引起社会普遍关注，但如果不着手加紧治理，到污染得大家没水喝的程度，就会变成一个严重社会问题。"③此外，习近平总书记非常关心广大人民群众"舌尖上的安全"，明确提出："把住生产环境安全关，就要治地治水，净化农产品产地环境"，因为在他看来，"土地是农产品生长的载体和母体，只有土地干净，才能生产出优质的农产品"④。民以食为天，衣食住行是人民群众基本的生活需求，也是人民健康和生命安全的基本物质保障。近年来，环境污染和食品药品安全等问题日益凸显，严重威胁和损害了人民群众的身体健康和生命安全。因此，下大力气解决"舌尖上的安全"问题，让老百姓真正吃得安全、吃得放心，是党和政府提高人民生活质量、保障人民健康的职责和使命。

---

① 中共中央文献研究室. 习近平关于社会主义生态文明建设论述摘编［M］. 北京：中央文献出版社，2017：90.

② 中共中央文献研究室. 习近平关于社会主义生态文明建设论述摘编［M］. 北京：中央文献出版社，2017：85.

③ 中共中央文献研究室. 习近平关于社会主义生态文明建设论述摘编［M］. 北京：中央文献出版社，2017：88.

④ 中共中央文献研究室. 习近平关于社会主义生态文明建设论述摘编［M］. 北京：中央文献出版社，2017：50.

　　良好的人居环境，是广大人民群众的殷切期盼。党的十八大以来，针对城市黑臭水体、垃圾围城的现状，农村污水横流、"脏乱差"的面貌，习近平总书记坚持因地制宜，在指导城市发展和推进乡村振兴的伟大事业中，提出要提高城市发展的宜居性，加强农村人居环境的治理力度，在城市和农村都要建设健康又宜居的美丽家园。在指导城市发展过程中，习近平总书记指出："要把握好生产空间、生活空间、生态空间的内在联系"，"实现生产空间集约高效、生活空间宜居适度、生态空间山清水秀"①。2015年12月，习近平总书记在中央城市工作会议上深刻揭示了过去很长时间城市工作中在指导思想上不太重视人居环境"六重六轻"的现状，即重建设、轻治理，重速度、轻质量，重眼前、轻长远，重发展、轻保护，重地上、轻低下，重新城、轻老城，现在人民群众对城市宜居生活的期待越来越高，城市工作的指导思想也要与时俱进，"要把创造优良人居环境作为中心目标，努力把城市建设成为人与人、人与自然和谐相处的美丽家园"②。在实施乡村振兴战略中，习近平总书记重视农村生态环境对村民长远发展与农民身体健康的影响。我国是一个农业人口占绝大多数的社会主义国家，居住在广大乡村的农民人居环境状况一直是习近平总书记十分关心和重视的一个重大民生问题。近年来，党和政府在农村大力推行"厕所革命"，加强农村人居环境的治理整顿，推动农村改水改厕等公共卫生基础民生工程，为提升广大农村居民生活质量，为农民身体健康和生命安全提供了最基本的生态环境保障。2016年4月，习近平总书记在农村改革座谈会上强调改善农村人居环境对提高农民生活质量、保障农民健康的极端重要性。他指出，实施乡村振兴战略，加快美丽乡村建设，"要因地制宜搞好农村人居环境综合整治，改变农村许多地方污水乱排、垃圾乱扔、秸秆乱烧的脏乱差状况，给农民一个干净整洁的生活环境"③。以"厕所革

---

① 习近平. 论坚持人与自然和谐共生[M]. 北京：中央文献出版社，2022：125.
② 习近平. 论坚持人与自然和谐共生[M]. 北京：中央文献出版社，2022：125.
③ 中共中央文献研究室. 习近平关于社会主义生态文明建设论述摘编[M]. 北京：中央文献出版社，2017：89.

命"为例，习近平总书记指出："厕所问题不是小事情，直接关系农民群众生活品质，要把它作为实施乡村振兴战略的一项具体工作来推进，不断抓出实效。"①至于如何解决厕所问题，习近平总书记要求："解决好厕所问题在新农村建设中具有标志性意义，要因地制宜做好厕所下水道管网建设和农村污水处理，不断提高农民生活质量。"②值得一提的是，习近平总书记多次强调，我国农村环境整治，无论是发达地区还是欠发达地区都要搞，但具体做法不应"一刀切"，"标准可以有高有低"，既要学习领会浙江"千村示范、万村整治"工程的经验做法，还必须结合当地具体情况，"因地制宜、精准施策"，不搞"政绩工程""形象工程"③。各级政府在推进乡村振兴战略中，要充分发挥农村基层党组织的政治优势和群众优势，持续开展城乡环境卫生整治行动，建设好生态宜居的美丽乡村，使广大农民在乡村振兴中有更多的获得感和幸福感。

二、价值论：彰显生态惠民、生态利民、生态为民的人民性

中国共产党历来重视生态民生建设。以人民为中心，增进生态民生福祉，是贯穿我们党百年环境保护和生态建设的历史经验之一。现阶段，以人民为中心是贯穿习近平总书记治国理政的根本价值取向，"良好生态环境是最普惠的民生福祉"论断的提出，彰显了人民对美好生态环境的需求，是我们党执政目标的价值旨归。新时代生态民生观把生态文明建设和民生建设联系起来，揭示了生态与民生的关系，明确了生态文明建设的人民价值取向，把惠民、利民、为民作为其建设目标，致力于通过生态文明建设来改善民生、增进民生福祉，彰显了习近平生态民生观蕴含的深厚民生情怀。党的十八大以来，我们党坚持人民至上，把为人民谋利益作为一切工作的出发点和落脚点，提出了一系列惠民主张，人民生活质量显著提升，

① 习近平. 论坚持人与自然和谐共生［M］. 北京：中央文献出版社，2022：192.
② 中共中央文献研究室. 习近平关于社会主义生态文明建设论述摘编［M］. 北京：中央文献出版社，2017：89.
③ 习近平. 论坚持人与自然和谐共生［M］. 北京：中央文献出版社，2022：206.

民生建设跃上新台阶。习近平总书记明确提出把集中攻克老百姓身边的突出生态环境问题作为环境治理的重点任务，从影响人民生活最突出的环境问题入手，强化了大气、水、土壤等污染的重点防治，下大气力去处理这些问题，缓和了生态与民生的矛盾，取得了环境治理的初步成效。蓝天保卫战尤为重要，实施多种污染物协同控制，基本消除重污染天气，将蓝天白云、繁星闪烁还给了人民；水污染防治持续强化，保障饮用水安全，彻底改善城市黑臭水体，将鱼翔浅底、清水绿岸还给了人民；土壤污染防治全面落实，尤其农村环境整治全覆盖，将鸟语花香、田园风光还给了村民，让村民真切感受到经济发展带来的生态效益，优美的生态环境成为高品质生活的重要增长要素，人民对幸福美好生活的期许由理想逐渐成为现实。

其一，坚持生态为民利民，紧紧围绕人民的所思所想和所愁所盼来推进生态民生建设。马克思、恩格斯在深刻揭露资本主义工业化和城市化进程中所引发的生态危机和生态灾难的同时，还对广大无产阶级饱受资本家的非人虐待和生存窘境给予了深切同情，形成了极其丰富深刻的生态民生思想。"环境就是民生，青山就是美丽，蓝天也是幸福"①，习近平总书记连续"三个就是"的言简意赅的表述，表明了优美的生态环境是新时代民生建设迫切需要加强的重点领域，阐明了满足人民群众美好生态需求的坚定决心和强烈担当，体现了我们党践行全心全意为人民服务的根本宗旨，充分彰显了中国共产党人立党为公、执政为民的为民情怀和历史自觉。习近平总书记立足于新时代社会主要矛盾的转化，提出优美生态是人民群众美好生活需要的重要内容，把对民生的认识延伸到人民群众的现实生活领域，为新时代的民生建设提供了基本遵循。2016年12月，习近平总书记在中央财经领导小组第十四次会议上明确指出："人民群众关心的问题是什么？是食品安不安全、暖气热不热、雾霾能不能少一点、河湖能不能清一点、垃圾焚烧能不能不有损健康……相对于增长速度高一点还是低一

---

① 习近平. 论坚持人与自然和谐共生[M]. 北京：中央文献出版社，2022：11.

点，这些问题更受人民群众关注。"①可见，食品安全、雾霾天气、河流污染等是当下人民群众普遍关心和关注的现实问题。习近平生态民生观揭示了生态文明建设和民生建设的内在联系，指明了生态文明建设对于保障和改善民生的促进作用，同时将生态文明建设作为重点民生工作来推进，不断满足广大人民群众对良好生态环境的迫切需求。针对处理经济发展和环境保护之间的关系，习近平总书记强调绿水青山就是金山银山，深刻认识到良好生态环境就是人民群众宝贵的物质财富，当经济发展与环境保护出现矛盾时，"宁要绿水青山，不要金山银山"，坚决维护人民群众的生态权益，尽最大努力满足人民群众的良好生态需要。"民有所呼、我有所应。"②真正把民之所忧、民之所盼作为我们党想问题、办事情的出发点和落脚点，不断增强人民群众的获得感、幸福感、安全感。

其二，坚持生态民生建设依靠人民，充分发挥人民群众建设美丽中国的自觉行动的积极性。马克思主义唯物史观认为，人民群众是历史的创造者，是推动社会发展的力量与源泉。中国共产党的根基在人民，血脉在人民，力量在人民。习近平总书记多次指出，"人心是最大的政治"③，在实现中国式现代化的征程上，在实现中华民族伟大复兴中国梦的进程中，党是领导力量，人民是依靠力量，党是答卷人，人民是评阅人。习近平总书记强调："人民是历史的创造者，是决定党和国家前途命运的根本力量。"④中国共产党走过百年，仍然风华正茂，并立志千秋伟业，正是因为始终紧紧依靠人民，充分调动亿万人民群众的积极性、主动性和创造性。人民群众是我们党创造历史伟业的主体力量，中国一切发展成就的取得都离不开人民的伟大创造。过去相当长一段时间内，我们对资源破坏和环境污染的认知局限在工业生产领域，但不容忽视的事实是，人们日常生活中

---

①　中共中央文献研究室. 习近平关于社会主义生态文明建设论述摘编［M］. 北京：中央文献出版社，2017：91-92.

②　习近平著作选读（第2卷）［M］. 北京：人民出版社，2023：526.

③　习近平. 论坚持人与自然和谐共生［M］. 北京：中央文献出版社，2022：8.

④　习近平著作选读（第2卷）［M］. 北京：人民出版社，2023：17.

不合理的生活方式及消费方式所产生的污染不亚于工业生产领域造成的污染。习近平总书记洞见症结，多次强调"生态环境问题归根到底是发展方式和生活方式问题"①，除了改变传统的"大量生产、大量消耗、大量排放"的生产模式，加快形成绿色生产方式之外，更为关键的是要在全社会"倡导简约适度、绿色低碳的生活方式，反对奢侈浪费和不合理消费"②。因此，凝聚亿万人民的力量进行生态民生建设，引导全民形成绿色健康的生态思维方式和生活方式，并将其内化于心，外化于行，通过生活方式绿色革命倒逼生产方式绿色转型，是新时代生态民生建设的题中之义和关键举措。习近平总书记明确指出："生态文明是人民群众共同参与共同建设共同享有的事业，要把建设美丽中国转化为全体人民自觉行动。"③"三个共同"表明了生态文明事业是做出来的，是干出来的，每个人都不能只说不做，袖手旁观，置身事外。人人都是"保护者、建设者、受益者"，都不是"旁观者、局外人、批评家"④。在习近平生态民生观的指引下，广大人民群众的节约意识、环保意识、生态意识逐渐觉醒，敬畏自然，护佑自然，绿色发展理念深入人心，参与生态环境保护的自觉行动日益增强，垃圾分类、光盘行动、绿色出行、义务植树等绿色生活行为竞相涌现，中国共产党在人民群众中的政治影响力、社会动员力和组织力得到了极大提升，改善生态环境，建设美丽中国在全社会取得新进展。

其三，坚持生态民生建设成果由人民共享，为人民群众提供更多优质生态产品，让人民群众日益普遍地享有优美生态环境。马克思主义关于人民群众是历史的创造者的基本原理，决定了生态民生建设的成果理应由人民群众共同享有。习近平生态民生观在继承马克思主义生态民生思想的基础上，对其进行了理论创新，创造性地提出"良好的生态环境是最公平的

---

① 习近平著作选读（第 2 卷）[M]. 北京：人民出版社，2023：463.

② 习近平. 论坚持人与自然和谐共生[M]. 北京：中央文献出版社，2022：188.

③ 习近平. 论坚持人与自然和谐共生[M]. 北京：中央文献出版社，2022：11-12.

④ 习近平. 论坚持人与自然和谐共生[M]. 北京：中央文献出版社，2022：12.

公共产品，是最普惠的民生福祉"①理念。生态环境作为一种公共产品存在时，不会受任何外部因素的影响而区别对待，每一个共享者在生态环境面前人人平等。2020 年 10 月，习近平总书记在深圳特区建立四十周年大会上指出，要从人民群众普遍关心、反映强烈、反复出现的问题出发，把生态环境、食品安全等一系列问题一个一个解决好，努力让人民群众获得感成色更足，幸福感更可持续，安全感更有保障。党的十八大以来，我国开展了一系列开创性工作，决心之大、力度之大、成效之大前所未有，生态文明建设从理论到实践都发生了历史性、转折性、全局性变化。国家相关政策的支持带动了投资取向的新变化，环保领域的投资大幅增加，环保产业成为新生的绿色经济的增长点，一方面，为人民群众提供更多优质的生态产品，满足其日益增长的优美生态环境需要；另一方面，为转变发展方式，促进绿色发展和可持续发展提供了助力，进而扩大了国内需求。这样一来，以需求倒逼和带动供给，以供给创造新的需求，不仅促进了生态经济的良性循环，而且提升了人民群众的生态满意度，实现了经济社会发展和增进民生福祉的协同共进。作为最普惠的公共产品，生态环境没有替代品，对于生态环境的破坏将是不可逆的，因此，推进生态民生建设，加强生态环境治理，既是回应当下人民群众的所急所盼，也是为后代子孙谋民生福祉。为此，习近平总书记深刻提出，要"像保护眼睛一样保护生态环境，像对待生命一样对待生态环境，坚决摒弃损害甚至破坏生态环境的发展模式，坚决摒弃以牺牲生态环境换取一时一地经济增长的做法，让良好生态环境成为人民生活的增长点、成为经济社会持续健康发展的支撑点、成为展现我国良好形象的发力点，让中华大地天更蓝、山更绿、水更清、环境更优美"②。

三、辩证法：主张统筹规划、协调推进的系统性

自然界是一个庞杂宏大的系统，整个自然界构成一个整体或者总体，

---

① 习近平. 论坚持人与自然和谐共生［M］. 北京：中央文献出版社，2022：26.

② 习近平. 论坚持人与自然和谐共生［M］. 北京：中央文献出版社，2022：168.

其内部各个子系统并非独立存在，而是相互作用、相互影响，统一并作用于自然界这一包罗万象的大系统之中。正如恩格斯所说的那样："我们所接触到的整个自然界构成一个体系，即各种物体相联系的总体……这些物体处于某种联系之中……它们是相互作用着的，而它们的相互作用就是运动。"①这里恩格斯明确表达了自然界是一个整体性存在或者系统性存在的重要思想。自然界内部各要素虽然作用不一，但彼此之间相互联系，相互制约，共同组成了一个不可分割的生命共同体，这种系统性存在通过系统结构并利用系统的特征和属性，从而实现系统的整体性功能，要求局部服从于整体，以整体最优作为最终目标。既然自然界是一个大系统，生态环境是一个大系统，相应地，推进生态民生建设，进行生态环境治理，就必须要用系统的思维方法，统筹规划、重点突出、协调推进、久久为功。2014 年 2 月，习近平总书记在北京考察工作时指出："环境治理是一个系统工程，必须作为重大民生实事紧紧抓在手上。"②同年 3 月，他在中央财经领导小组第五次会议上又说："要用系统论的思想方法看问题，生态系统是一个有机生命躯体。"③2016 年 1 月，他在省部级领导干部贯彻落实党的十八届五中全会精神专题研讨班上指出："在生态环境保护上，一定要树立大局观、长远观、整体观，不能因小失大、顾此失彼、寅吃卯粮、急功近利。"④可见，进行生态环境治理，推进生态文明建设，必须秉持系统思维和整体思维，才能取得事半功倍的效果。党的十八大以来，以习近平同志为核心的党中央正式把生态文明建设纳入中国特色社会主义事业总体布局，强调着力解决中国式现代化进程中人与自然的关系问题，促进环境保护与经济发展的互促共进，坚定不移走生产发展、生活富裕、生态良好

---

①　马克思恩格斯文集(第 9 卷)[M]. 北京：人民出版社，2009：514.

②　立足优势 深化改革 勇于开拓 在建设首善之区上不断取得新成绩[N]. 人民日报，2014-02-27(1).

③　中共中央文献研究室. 习近平关于社会主义生态文明建设论述摘编[M]. 北京：中央文献出版社，2017：56.

④　中共中央文献研究室. 习近平关于社会主义生态文明建设论述摘编[M]. 北京：中央文献出版社，2017：12.

的文明发展道路。

　　生态民生观具有鲜明的系统性。建设生态文明是中华民族永续发展的千年大计,实现人民幸福是国家富强民族复兴的价值旨归,生态环境的治理和人民生活的改善同样是复杂的系统工程。人和山、水、林、田、湖、草共生共存于同一个休戚相关的"生命共同体"之中,自然环境的任何一个构成部分出现问题都将影响到人生存与发展的根基和条件。在处理人地关系问题上,习近平总书记强调要统筹治理山水林田湖草之间的关系。2014年3月,习近平总书记在中央财经领导小组第五次会议上深刻指出:"山水林田湖是一个生命共同体,形象地讲,人的命脉在田,田的命脉在水,水的命脉在山,山的命脉在土,土的命脉在树。……如果破坏了山、砍光了林,也就破坏了水,山变成了秃山,水变成了洪水,泥沙俱下,地就变成了没有养分的不毛之地,水土流失、沟壑纵横。"①"山水林田湖是一个生命共同体"后来又被习近平总书记升华和拓展为"山水林田湖草是一个生命共同体"②"山水林田湖草沙系统治理""山水林田湖草沙冰一体化保护和系统治理"③,主张对山水林田湖草沙冰进行统一保护、统一修复,以保持自然生态系统的原真性和完整性。在处理经济社会发展与生态环境保护的关系问题上,习近平总书记超越现代哲学"人类中心主义"和"自然中心主义"的片面认识,坚持经济社会发展与生态环境保护的辩证统一,建构了经济社会发展与生态环境保护之间相互促进、共赢和谐的新发展路径。这就是习近平总书记提出的著名的"绿水青山就是银山银山"理论,他还一针见血地指出,"发展经济是为了民生,保护生态环境同样也是为了民生"④,这即是说,发展经济与保护环境不仅不矛盾,二者可以实现辩证统一,而且还共同指向百姓的民生。当二者出现矛盾时,绝不能以牺牲生态

---

　　①　中共中央文献研究室. 习近平关于社会主义生态文明建设论述摘编[M]. 北京: 中央文献出版社, 2017: 55-56.

　　②　习近平. 论坚持人与自然和谐共生[M]. 北京: 中央文献出版社, 2022: 197.

　　③　习近平. 论坚持人与自然和谐共生[M]. 北京: 中央文献出版社, 2022: 198.

　　④　习近平著作选读(第 2 卷)[M]. 北京: 人民出版社, 2023: 172.

环境为代价换取一时的经济增长，也就是说，宁要绿水青山，不要金山银山，留着青山在，不怕没柴烧。针对河北地区雾霾压顶、大气污染的现状，习近平总书记在参加省委常委班子专题民主生活会上明确指出，要给领导干部去掉紧箍咒，生产总值即便下滑了，但在绿色发展方面搞上去了，在治理大气污染、解决雾霾方面做出贡献了，也是可以当英雄的。同时，习近平总书记还指出："人民群众不是对国内生产总值增长速度不满，而是对生态环境不好有更多不满。我们一定要取舍，到底要什么？从老百姓满意不满意、答应不答应出发，生态环境非常重要；从改善民生的着力点看，也是这点最重要。"①这即是说，老百姓不反对经济发展，但反对由于经济发展过快对生态环境的破坏，也就是说，无论是经济社会的发展还是生态环境的保护，都要从人民群众的满意度和幸福感来考虑，这其中蕴含深刻的整体思维和辩证思维。

习近平总书记认为，生态民生建设作为中国特色社会主义建设事业的重要内容，和其他领域的建设是密切相关的。习近平始终以系统思维方法推进生态民生建设，强调从经济发展方式的改变、政治制度的完善、生态制度的完备、生态意识的培养等诸多方面展开。以生态制度的制定和完善为例，在习近平总书记看来，要使好的生态理念能够更好地融入到民生建设中，最根本还是要靠过硬的生态制度来保障实施。习近平总书记指出，要进行统筹规划，搞好顶层设计，"首先要把国土空间开发格局设计好"，"要按照人口资源环境相均衡、经济社会生态效益相统一的原则"，"科学布局生产空间、生活空间、生态空间"，"给自然留下更多修复空间，给农业留下更多良田，给子孙后代留下天蓝、地绿、水净的美好家园"②。在指导和推进城镇化工作时，习近平总书记深刻指出，"两横三纵"是城镇化工

---

①　中共中央文献研究室. 习近平关于社会主义生态文明建设论述摘编[M]. 北京：中央文献出版社，2017：83.

②　中共中央文献研究室. 习近平关于社会主义生态文明建设论述摘编[M]. 北京：中央文献出版社，2017：44.

作的全局、大局，"要一张蓝图干到底，不要'翻烧饼'"①，各地区要坚定不移地实施主体功能区制度，要严格按照优化开发、重点开发、限制开发、禁止开发等功能定位推动和发展城镇化。他还明确讲到，在城镇化的进程中，要"科学设置开发强度，尽快把每个城市特别是特大城市开发边界划定，把城市放在大自然中，把绿水青山保留给城市居民"②。以生态意识的养成为例，习近平总书记多次提到关系十四亿多人口生活环境改善的普遍推行的垃圾分类制度，"要研究总结浙江等地的好经验，加快在全国推广。要加快建立分类投放、分类收集、分类运输、分类处理的垃圾处理系统，形成以法治为基础、政府推动、全民参与、城乡统筹、因地制宜的垃圾分类制度，提高垃圾分类制度覆盖范围"③。2018年5月，习近平总书记在全国生态环境保护大会上第一次明确提出"五大生态文明体系"，系统界定生态文明体系的基本框架，其中生态经济体系提供物质基础；生态文明制度体系提供制度保障；生态文化建设提供思想保证、精神动力和智力支持；目标责任体系和生态安全体系是生态文明建设的责任和动力，是底线和红线。这些思想和举措，充分表明我国的生态文明建设及民生建设是在系统思维指导下进行的。

第三节　新时代生态民生观的时代价值

"良好生态环境是最普惠的民生福祉"是对新时代生态民生观的集中概括，是我们党全心全意为人民服务的宗旨的生动体现，是习近平生态文明思想的重要组成部分。党的十八大以来，习近平总书记坚定地站在亿万人民群众的立场上，提出了一系列民生建设和生态文明建设的新思想、新观

---

① 中共中央文献研究室. 习近平关于社会主义生态文明建设论述摘编[M]. 北京：中央文献出版社，2017：48.

② 中共中央文献研究室. 习近平关于社会主义生态文明建设论述摘编[M]. 北京：中央文献出版社，2017：48.

③ 习近平. 论坚持人与自然和谐共生[M]. 北京：中央文献出版社，2022：161.

点、新论断，丰富了马克思主义生态民生思想的理论宝库，开辟了中国共产党人生态民生思想的新视域，深化了对中国特色社会主义规律的新认识，为建设美丽中国、实现中华民族永续发展提供了行动指南，同时还为全球贡献了生态民生治理的中国智慧和中国方案。新时代生态民生观成为我国当前和今后推进生态文明建设和民生建设的根本遵循和行动指南，有着极为重要的理论意义和现实意义。

一、新时代生态民生观的理论价值

新时代生态民生观来源于马克思主义生态民生思想，又是对马克思主义生态民生思想的丰富和发展，同时新时代生态民生观坚定站稳人民立场，将生态文明建设与民生建设相融合，开辟了中国共产党人生态民生的新境界。此外，新时代生态民生观聚焦人民对美好生活的向往，协调推进经济、生态、社会建设三者之间的关系，深化和拓展了对中国特色社会主义规律的新认识。

(一)丰富了马克思主义生态民生思想的理论宝库

马克思、恩格斯尽管没有使用过"民生""生态民生"等类似的概念，更没有集中论述生态民生的著作，但这并不意味着马克思著作中没有生态民生的思想，事实上，在马克思主义哲学、政治经济学、科学社会主义等相关著作中，包含着大量相关的论述，蕴含着丰富深刻的生态民生思想。今天，生态民生已经成为人们追求美好生活的重要内容，生态民生建设已经成为我们党提高其执政能力的题中之义和必然要求。新时代生态民生观坚持马克思主义唯物史观，充分吸收了马克思主义经典作家的生态民生精髓，始终坚持以人为本的价值取向，结合中国的具体国情和现实民生的发展状况，将单纯的物质民生认知拓展到生态民生视野，丰富和发展了马克思主义生态民生思想。

马克思、恩格斯是在批判资本逻辑的语境中阐述其生态民生思想的。基于资本主义早期社会化大生产背景下资本家对工人的种种剥削所引发的社会危机以及对自然的大肆破坏所引发的生态危机，他们在对资本主义的深刻揭露和无情批判中初步阐释了生态民生思想的一些基本问题。"自然界，就它自身不是人的身体而言，是人的无机的身体。人靠自然界生活。"①这就鲜明阐明了人与自然本质上的一致性，人本身就是自然界的一部分，人与自然是一荣俱荣、一损俱损的共同体关系，生态环境是人类生产和生活的前提和基础。而在资本主义制度的框架体系中，资本逻辑大行其道，"资本逻辑"就是资本追求利润最大化的市场经济内在运行机制，它是资本主义在产生和发展过程中逐渐形成的"资本—增值—再增值"的内在演绎逻辑。正如马克思所言："资本只有一种生活本能，这就是增殖自身，创造剩余价值。"②为了使资本增值，资本的所有者资本家使出浑身解数，盲目扩大生产规模，疯狂攫取自然资源，同时延长工人劳动时间，提高劳动强度，以获取更多的剩余价值。这样，在资本主义社会里，资本家与工人之间的关系就直接蜕变为赤裸裸的金钱关系和纯粹的资本与劳动的关系。资本家在疯狂攫取高额利润的同时，不仅造成了人与人之间关系的扭曲，而且也使自然从属于资本的需要，自然完全异化为资本的工具性存在。

具体而言，机器大工业的发展使城市化进程加速，森林被大肆砍伐，自然资源遭到严重破坏。"文明和产业的整个发展，对森林的破坏从来就起很大的作用。"③与此同时，由于蒸汽机的广泛应用，大量排放的煤烟必然带来空气污染，工业废水和生活污水未经任何处理直接排进河流，导致严重的水体污染，生态环境持续恶化。此外，令人讽刺的是，创造资本主义社会最多剩余价值的工人，生存环境和工作环境却极端恶劣，他们蜗居在"洞穴"般的"停尸房"中，他们的房屋阴暗潮湿、密不透风，吃的是最劣质的、掺假的和难消化的食物，衣着破败不堪、惨不忍睹。工人们整日被圈禁在充满噪声、高温、强光和高强度的厂房劳作，各种职业病频频出

---

① 马克思恩格斯文集(第1卷)[M]. 北京：人民出版社，2009：161.
② 马克思恩格斯文集(第5卷)[M]. 北京：人民出版社，2009：269.
③ 马克思恩格斯文集(第6卷)[M]. 北京：人民出版社，2009：272.

现，他们的生活处境违反人性，苦不堪言，以致恩格斯把这种罪恶的、阴险的恶行称之为对工人的"谋杀"。资本家从工人们不眠不休的劳动中攫取剩余价值，变得越来越富有，充分暴露了资本家的贪婪本性和剥削本质。资本逻辑主导下的资本主义生产方式异化了人与人以及人与自然的关系，催生出经济相对贫困与生态幸福感、获得感缺失并存的严重问题。在这个残酷无情的社会现状下，马克思、恩格斯顺应时代的强烈呼声，将深刻的理论体系上升为具体的革命实践活动，推动无产阶级掀起反贫困、治污染的革命浪潮，深刻提出要从根本上扬弃资本主义制度，消灭私有制，明确指出只有在未来的共产主义社会里，才能从根本上克服资本对自然的侵占，才能从根本上解决人与自然之间的矛盾冲突，使生态环境与人民生活达到动态和谐统一，才能真正实现民生幸福，最终实现人的解放与发展。

马克思主义是指导中国革命、建设和改革的思想武器，是中国共产党人的指导思想。马克思主义思想体系中蕴含着极其丰富的生态民生思想，人与自然的和谐统一是马克思主义生态文明思想的核心内容，习近平总书记对其进行了凝练和升华，创造性地提出了具有中国特色的新时代生态民生思想和建设思路，为中国化时代化的马克思主义在21世纪焕发新的生机做出了重大理论贡献。习近平总书记将生态文明建设融入到经济建设、政治建设、文化建设、社会建设中，全面推进"五位一体"总体布局的战略目标，从文明、发展、民生、法治等多维度进行阐述，并提出一系列新观点和新论断，形成了独具中国特色的新时代生态民生观。尤其是习近平总书记从新时代中国特色社会主义的具体国情和民生实际出发，提出了"环境就是民生""绿水青山是人民幸福生活的重要内容""绿色发展的新理念"等重要论述，科学回答了生态与人类社会、生态与民生、生态与发展之间的关系，蕴含了人与自然和谐相处的文明智慧，贯穿了以人为本的民生情怀，进一步丰富和发展了马克思主义自然观、价值观、民生观、生态生产力理论，形成了马克思主义中国化在生态民生方面的最新理论成果，促进了新时代中国生态民生建设的新发展。

(二) 开辟了中国共产党人生态民生思想的新境界

中国共产党自执政以来，始终重视民生问题，也始终重视生态文明建设，从伟大领袖毛泽东同志到现任的习近平总书记，历届中央领导集体都立足中国国情和具体实际，致力于解决民生问题，把人民群众的冷暖时刻放在心上，同时对生态民生建设进行了艰苦卓绝的探索，从"被动"到"主动"、从"战胜自然"到"敬畏自然，尊重自然，保护自然"，中国共产党对人与自然关系的认识经历了一个不断深化的过程。

作为第一个喊出"人民万岁"的伟大领袖毛泽东同志，时刻将人民的根本利益置于首位，即使在革命战争时期也适时提出并实施"打土豪，分田地""减租减息""没收地主的土地归农民所有"等政策。新中国成立以后，他不遗余力地帮助贫困群众恢复农业生产，在很大程度上解决了人民的温饱问题，这充分体现了他坚持群众路线，解民之所需所困的民生情怀。毛泽东同志强调，中国共产党人区别于其他任何政党的显著标志之一即保持和最广大的人民群众的最密切的联系，"全心全意地为人民服务，一刻也不脱离群众；一切从人民的利益出发，而不是从个人或小集团的利益出发；向人民负责和向党的领导机关负责的一致性；这些就是我们的出发点"①。这就为民生保障实践奠定了坚实的理论基础。党的十一届三中全会之后，中国社会主义改革开放和现代化建设的总设计师邓小平同志从什么是社会主义、怎样建设社会主义这一首要的基本的理论问题出发，对社会主义的本质进行了深刻认识和高度概括。邓小平同志深刻指出："社会主义阶段的最根本任务就是发展生产力，社会主义的优越性归根到底要体现在它的生产力比资本主义发展得更快一些、更高一些，并且在发展生产力的基础上不断改善人民的物质文化生活。"②这就表明在坚持社会主义制度的前提下，借助生产力发展来推动民生改善发挥着举足轻重的作用，促使

---

① 毛泽东选集(第3卷)[M]. 北京：人民出版社，1991：1094-1095.
② 邓小平文选(第3卷)[M]. 北京：人民出版社，1993：63.

人民逐渐摆脱贫困落后的局面，由温饱不足逐步迈入总体小康的新征程。世纪之交，千年更始，江泽民同志基于复杂的国际国内背景，深刻提出了"三个代表"重要思想，其中"始终代表中国最广大人民的根本利益"凸显了特定时代的实践指向，这是从国家战略高度加强党员和干部的为民服务意识，而能否提升民生保障水平就成为从政优劣的试金石。胡锦涛同志在位期间，中国特色社会主义总体布局从"四位一体"到"五位一体"，其中社会建设、生态文明建设成为国家宏观框架中的一个独立分支，这里的"社会建设"突出强调的是从维护最广大人民根本利益的高度，保障和改善民生，必须加快健全基本公共服务体系，加强和创新社会管理，推动社会主义和谐社会建设。这里的"生态文明建设"突出强调的是从源头上扭转生态环境恶化趋势，为人民创造良好生产生活环境，努力建设美丽中国，实现中华民族永续发展，为全球生态安全做出贡献。

　　党的十八大以来，习近平总书记继承了我们党全心全意为人民服务的优良传统，在推进社会主义现代化强国的伟大征途中，始终重视并加强生态文明建设，从多个维度提出了一系列重要思想和科学论断，尤其是习近平总书记关于生态民生建设的重要论述，开辟了中国共产党人生态民生思想的新境界。例如"良好生态环境是最公平的公共产品，是最普惠的民生福祉""环境就是民生，青山就是美丽，蓝天也是幸福""要像保护眼睛一样保护生态环境，像对待生命一样对待生态环境""生态环境是关系党的使命宗旨的重大政治问题，也是关系民生的重大社会问题""保护环境就是保护生产力，改善环境就是发展生产力"，这些关于生态民生建设的重要论述既是习近平总书记对党的历届领导人生态思想和民生思想的继承和创新，又进一步丰富和发展了我国生态文明建设理论体系，为我国生态文明建设提供了科学指导。习近平生态民生观以突出的环境问题为抓手，以完整的生态治理体系为保障，全方位、多角度保证优美生态环境的重塑，充分反映了民生内容在特定时代所呈现的新的发展趋势，即必须充分考虑人民群众的真实生态诉求，完善生态民生保障的体制和机制，确保全体人民能够如期进入共同享有优美生态环境的康庄大道。

(三)深化了对中国特色社会主义规律的新认识

建设社会主义没有现成的经验可以学习借鉴,中国共产党在实践中不断总结经验、摸索前进,走出一条适应我国国情的中国特色社会主义道路。面对经济快速发展产生的生态环境问题及民生需求新的转变现状,习近平总书记聚焦人民对美好生活的向往,协调推进经济、生态、社会建设三者之间的关系,深刻揭示了新时代生态民生思想,着力推进生态民生建设,实现经济的高质量发展、社会的高度和谐和人民的高品质生活齐头并进。习近平生态民生观秉承人民至上的理念,贯穿真挚为民的情怀,在社会民生建设中凸显绿色基调,推动民生建设向社会和谐、生态良好、生活幸福以及实现人的全面发展等多重目标的实现,推动和强化了我国社会主义生态文明建设的顶层设计,延伸和拓展了民生问题的广度和深度,深化了对中国特色社会主义规律的认识与把握。

"良好生态环境是最普惠的民生福祉",一方面凝聚着马克思主义生态民生思想的精华,另一方面也发展了中国化马克思主义生态民生思想的精髓,体现着中国共产党人对生态民生认识不断发展与升华历程。这一重大理论成果坚持人民至上的灵魂与根本,紧密结合中国国情和具体实际,从生态的视角去看待民生问题,又从民生的视角去考量生态环境问题,将生态环境问题纳入民生问题的新视域,回应最直接最现实最紧迫的民生需求,尊重与保护最广大人民群众的生态权益,将良好生态视为人民美好生活的重要内容、最公平的公共产品以及最普惠的民生福祉,通过经济发展为民生建设提供物质基础,通过生态法治建设为民生建设提供法治保障,拓宽了党执政为民、依法执政的治理思路。同时还应看到,社会主义的根本任务是发展社会生产力,马克思主义执政党必须高度重视解放和发展生产力,社会主义国家必须通过不断提高社会生产力的发展水平进而提高人民群众的生活水平。习近平总书记深刻揭示了生态环境的生产力属性,将生态环境纳入生产力范畴,提出"绿水青山就是金山银山""保护生态环境就是保护生产力,改善生态环境就是改善生产力",阐明生态环境的优劣不仅关系着经济社会的发展，还关系着社会生产力的发展，而且关系着老百姓的生产生活质量。习近平总书记还提出，生态环境关乎中华民族永续发展，关乎子孙后代福祉，要一代接着一代干，充分体现出对社会发展和文明进步的思维创新，也是对人与自然、经济增长与保护环境协调可持续发展、代内与代际福祉的科学把握与回应。

党的十八大以来，以习近平同志为核心的党中央，扎实推进民生工程，将精准扶贫战略纳入国家改革发展全局，把精准脱贫摆在治国理政的突出位置，组织开展了声势浩大的脱贫攻坚的伟大实践，根据贫困地区的具体实际，综合运用产业扶贫、生态扶贫、旅游扶贫、光伏扶贫、电商扶贫等多种形式，增强了贫困地区内生发展的活力和动力，为全面建成小康社会奠定了深厚的物质基础。值得一提的是，中国广袤的贫困地区，特别是中西部或者老少边地区，大多山清水秀，自然资源极为丰富，习近平总书记深刻指出，这些地方要想摆脱贫困，恰恰要在山水上做文章，要努力把绿水青山变成金山银山，带动贫困人口增收。在这一思想的指导下，不少地方通过发展乡村旅游、休闲农业、特色产业等，走出了一条建设生态文明和发展经济相得益彰的脱贫致富新路。在决胜全面建成小康社会的进程中，习近平总书记同样非常注重生态文明建设，他深刻指出，我国在前期发展过程中遗留了诸多生态难题，必须尽力补上生态文明建设这块短板，切实把生态文明的理念、原则、目标融入经济社会发展各方面，给广大人民群众营造一个干净舒适、生态宜居的生存环境。正如习近平总书记所言："小康全面不全面，生态环境质量很关键。"①这里的"小康"不仅仅是物质层面的经济小康，还是"五位一体"全面发展的小康，其中还包含优质生态环境的生态小康，充分体现了人民群众的需求层次向更高阶段跃升，更说明了人民群众的生活向往向更高目标迈进。"小康"凝聚着中华民族千年来对美好生活的追求和向往，经中国共产党人提炼并确立为中国的

---

① 中共中央文献研究室. 习近平关于社会主义生态文明建设论述摘编[M]. 北京：中央文献出版社，2017：8.

社会发展目标，既符合中国的经济发展实际，也容易得到最广大人民的认同和支持，经过几代中国共产党人带领广大人民群众的不懈奋斗和艰辛努力，终于实现了从"总体小康"到"全面小康"的跨越，充分彰显了共同富裕的社会主义本质，筑牢了中华民族冲刺伟大复兴目标的前提和基础。这些理论成果不仅是对中国化马克思主义民生建设的深化和发展，而且是对中国特色社会主义规律认识的不断深化和拓展。

二、新时代生态民生观的实践价值

新时代生态民生观立足于当代中国生态环境现状，将生态文明建设与民生福祉紧密结合，积极回应人民群众对优良生态环境的新期待，开辟了民生建设的新领域，为实现人民美好生活开拓了崭新维度，是广大人民群众实现生态福祉的重要依据，为绿色发展提供了新方向，为美丽中国建设提供了行动指南。与此同时，新时代生态民生观在指导我国民生建设和生态环境改善实践的同时，还从维护全人类生态福祉和各国人民生态民生出发，致力于实现绿色转型和摆脱贫困的双赢和共赢，为解决全球生态民生治理贡献中国智慧和中国方案。

(一)为实现人民美好生活开拓了崭新维度

新时代中国生态文明建设的主体是人民，新时代中国民生建设的主体也是人民。坚持以人民为中心的发展、实现人民对美好生活的向往是习近平生态文明思想的核心内容，也是新时代中国生态文明建设的价值旨归，还是新时代中国民生建设的出发点和落脚点，这一思想深刻体现了人民群众是历史的创造者这一历史唯物主义的基本原理以及中国共产党执政为民的规律和真谛。人民是我们党执政的最大底气所在，不断满足人民群众对美好生活的向往，是我们党最大的执政追求和奋斗目标。坚持以人民为中心的发展和实现人民对美好生活的向往，实际上就是实现好、维护好和发展好人民群众的整体性权益。这种整体性权益，既体现了人民群众的政治权益、经济权益、文化权益、社会权益的维度，也体现了生态权益的维度，是把人民群众的经济权益、政治权益、文化权益、社会权益和生态权益紧密结合的综合性权益。生态权益是在人与自然和谐共生进程中形成的一项新的人权，是人们对生态环境的基本权利和行驶这些权利所获得的各种利益，例如，合理占有、配置、利用、保护、享有自然环境资源的权利和所获得的各项利益。① 进入新时代，人民的物质文化生活得到了极大的改善和提高，同时他们对美好生活的期待提出了更高的要求，其中"更优美的环境"就是广大人民群众对自身所应享有的生态权益的共同价值认同，展示出他们日益增长的需求新趋势。

新时代生态民生观立足于生态文明建设和改善民生的现实境遇，在深刻把握二者内在关联的基础上，提出了一系列带有鲜明实践指向的重要论述。习近平总书记强调进行民生建设要"着力践行以人民为中心的发展思想"，围绕人民群众的急难愁盼等需求推进民生建设，这是党和国家保证和改善民生问题的根本原则和要求。生态环境与人民的生活息息相关，保护生态就是改善民生。习近平总书记始终将生态文明建设与人民的美好生活紧密结合，将生态文明建设和民生建设结合起来，将生态文明建设视为一种新的幸福增长点，并以此开辟了我国民生建设的新视域。其中，"环境就是民生，青山就是美丽，蓝天也是幸福"，直接点明了生态环境的民生本质，一语道破了人民幸福的新维度，充分表明生态文明建设是攸关人民幸福的重大民生工程，必须把优美生态环境的实现融于民生建设实践的全过程，依靠强有力的生态制度保障民生，从突出的环境问题着手不断完善生态治理机制，为广大民众提供一个充满生机活力的宜居生活环境。"绿水青山就是人民幸福生活的重要内容"，深刻阐明了优美生态环境是提升民众幸福指数的新领域，必须努力为人民群众提供种类丰富、质量优良的生态产品，以满足人民群众不断增长的优美生态环境的需要。"良好生态环境是最普惠的民生福祉"，着重强调优美生态的惠民为民价值，要运

---

① 叶冬娜. 中国特色社会主义生态文明建设研究 [M]. 北京：人民出版社，2022：2-3.

用整体思维和系统思维来推进生态民生治理,既着手解决当前突出问题,探索建立长久管用的体制机制,改变以往"重城市轻农村"的做法,改善环境质量,保护人民健康,努力实现美丽城市建设和美丽乡村建设的双轮驱动,让城乡环境更宜居、人民生活更美好。"为人民创造良好的生产生活环境",深刻阐述了生态民生建设的出发点和落脚点,必须深入贯彻新发展理念,推动经济绿色转型,致力于美丽中国建设。习近平总书记深刻指出:"对破坏生态环境、大量消耗资源、严重影响人民群众身体健康的企业,要坚决关闭淘汰。如果破坏生态环境,即使是有需求的产能也要关停,特别是群众意见很大的污染产能更要'一锅端'。对一些偷排'红汤黄水'、搞得大量鱼翻白肚皮的企业,决不能心慈手软,要坚决关停。"①概言之,习近平总书记关于生态民生的真知灼见,是对我们党以人为本的执政理念的最生动注解,为新时代解决生态民生问题,提升人民生存幸福感提供了新思路,指明了新方向,开辟了新领域,为建设社会主义生态文明,保障和改善民生,实现人民的美好生活提供了根本遵循。

(二)为建设美丽中国提供了行动指南

改革开放 40 多年来,我国已经跃升为世界第二大经济体、第一大工业国、第一大货物贸易国、第一大外汇储备国。应当肯定的是,中国用几十年时间走完了西方发达国家上百年的工业化历程,不得不说这是人类发展史上世所罕见的发展奇迹。同时应当看到,伴随我国工业化步伐的不断加快,为了追求经济的发展速度,曾经相当长的时间内,我们不惜以牺牲环境和攫取资源为代价,以致我国生态环境破坏达到了触目惊心的地步,发达国家上百年分阶段出现的环境问题,我国则在短时期内集中式爆发出来。2015 年 10 月 29 日,习近平总书记在中共十八届五中全会第二次全体会议上深刻指出:"我国资源约束趋紧、环境污染严重、生态系统退化的

---

① 中共中央文献研究室. 习近平关于社会主义生态文明建设论述摘编[M]. 北京:中央文献出版社,2017:84.

问题十分严峻，人民群众对清新空气、干净饮水、安全食品、优美环境的要求越来越强烈。为此，我们必须坚持节约资源和保护环境的基本国策，坚定走生产发展、生活富裕、生态良好的文明发展道路，加快建设资源节约型、环境友好型社会，推进美丽中国建设，为全球生态安全作出新贡献。"①由此可见，加强生态文明建设，建设美丽中国的形势非常严峻，但也势在必行。建设美丽中国，是全体中国人民的共同期盼，也是我们党对全体中国人民的庄严承诺。老百姓对清新空气等优美生态环境的民生需要是建设美丽中国的基本内容，同时人民的生态民生需求也为美丽中国建设提供了新的契机和实践指南。党的十八大以来，我们党进一步明确了生态文明建设的突出地位，突破原有的"四位一体"的发展局限，将其纳入中国特色社会主义"五位一体"总体布局，把"美丽"作为建设社会主义现代化强国的重要目标。党的十九大报告中多次提到建设美丽中国，并把建设美丽中国作为新时代坚持和发展中国特色社会主义的基本方略之一。美丽中国是自然生态、经济生态、政治生态、文化生态和社会生态的统一，表现为一种优美宜居的自然生态环境和社会生态环境，透露出高度和谐的民生温度和民意期许。② 建设美丽中国可以从生产发展、生活富裕、生态良好三个不同的维度，以促进生态与民生的协调发展为主要目标，以增强人民的生存幸福感为价值导向，它标志着我国从传统物质文化大国向生态民生强国迈进。

党的二十大报告指出，人与自然和谐共生的现代化是中国式现代化的五大基本特征之一，所以，建设美丽中国，实现人与自然和谐共生，这是社会主义现代化强国的五大目标之一。这一生态目标的实现不仅包含优美的自然生态环境，同时也包括经济社会发展、人民生活富足，以及良好的学习工作和生产生活环境。良好的生态环境是建设美丽中国的前提和基础，是人民幸福生活的基本保障，没有良好的生态环境，美丽中国无从谈

---

① 习近平. 论坚持人与自然和谐共生[M]. 北京：中央文献出版社，2022：106.

② 路日亮，陶蕾韬. 新时代生态文明建设的理论创新[M]. 北京：人民出版社，2022：177.

起，人民的幸福也要大打折扣。而生态民生建设作为"五位一体"总体布局中社会建设的一个重要分支，以及"五位一体"总体布局中生态文明建设的一个新的增长点，其最终目标指向全体人民共同和公平地享有自身生存和永续发展的生态权益，从一定意义上而言，生态民生建设与美丽中国建设的价值目标是殊途同归的，都是为了实现人的全面自由发展和经济社会的全面进步。生态民生建设是美丽中国建设的重要保证之一，无论是生态民生的建设，还是美丽中国的建设，无一例外都需要我们全体社会成员的共同参与和共同努力，需要世世代代中国人民的共同守护和自觉行动。但是需要明确的是，生态民生建设仅仅是国家整体战略中的一个局部规划，与宏观视野中的美丽中国建设既有联系又有区别，美丽中国建设以习近平生态文明思想作为科学理论指引，习近平生态民生思想是建设美丽中国的实践指向。

习近平总书记认为，要扎实推进生态民生建设，真正实现生态民生福祉，就必须坚定不移走生产发展、生活富裕、生态良好的文明发展道路，建设人与自然和谐共生的现代化，建设望得见山、看得见水、记得住乡愁的美丽中国。从生产发展的视角来看，通过保护生态环境和改善生态环境，可以为保护生产力和改善生产力提供强有力的支持。习近平总书记深刻阐述的"绿水青山就是金山银山"理论，打破了经济发展与生态环境保护之间的对立关系，通过经济的生态化和生态的经济化，实现经济发展与环境保护之间的辩证统一，为美丽中国建设提供强有力的生产力支撑。从生活富裕的视角来看，共同富裕是社会主义社会的价值追求，也是中国共产党为人民谋幸福的最终目标。习近平总书记认为，对于山高沟深偏远的贫困山区，应采取因地制宜的方法，根据当地生态状况适度合理开发自然资源，使土地、劳动力、资产、自然风光等要素活起来，让资源变资产，资金变股金，农民变股东，让绿水青山变金山银山，帮助贫困人口增收，由此构成了生态惠民、生态利民的美丽中国图景。从生态良好的视角来看，优美的生态环境为人民提供了生存无忧的栖息场所。以广大农村为例，实施乡村振兴战略，一个重要任务就是推行绿色发展方式和生活方式，让生态美起来、环境靓起来，再现山清水秀、天蓝地绿、村美人和的美丽画卷。总而言之，生态民生建设为美丽中国建设提供了发展契机，又从多个维度对中国的文明发展道路进行了部署，尤其是从生态领域对民生事业范畴提出了规划，从生态惠民利民视角为建设美丽中国提供了方法论依据和行动指南。

（三）为解决全球生态民生治理贡献了中国智慧

从 20 世纪 30 年代至六七十年代，英、美、日等西方发达国家相继发生的环境公害事件，给这些国家的人民带来了深重的灾难，引发了人们对于资本主义发展方式和生活方式的深刻反思。工业文明主导下的资本主义生产方式，在推动生产力快速发展、创造巨大物质财富的同时，也造成了贫富差距拉大和生态环境恶化并存的两难局面。当今世界，伴随科技全球化和经济全球化的日益加深，资本向世界各地扩散和蔓延，在利益最大化的驱使下，人类的欲望无限度地膨胀，人类对大自然的开发程度远远超过了大自然自身的自愈能力和修复能力。环境污染、生态破坏、资源短缺所引发的生态危机和生态灾难波及全球，已经成为威胁人类健康和生存质量的重大挑战。中国在改革开放 40 多年的快速发展中也对生态环境造成了极大破坏，绿水青山逐渐被灰土荒山所吞噬，多种珍稀动植物濒临灭绝，山涧泉流消失殆尽等。积极寻求生态保护与民生建设的双赢，建设一个共同发展、清洁美丽的地球家园，已成为世界各国人民的共同期待。

当前，全球性生态危机不仅成为阻碍世界发展进程的重要因素，而且成为阻碍世界各国人民福祉的重要因素。对此，世界各个国家和地区都致力于生态治理事业，采用了多种手段化解恶劣生态引发的社会矛盾，但大部分国家"治标不治本"的生态保护机制，并未有效地保证生态环境向良好的态势发展。因此，世界各国必须精诚团结，以负责任的态度共同参与生态治理，共同打造"生态利益共同体"。正如习近平总书记所说的那样："建设美丽家园是人类的共同梦想。面对生态环境挑战，人类是一荣俱荣、一损俱损的命运共同体，没有哪个国家能独善其身。"①习近平总书记从全人类的生态福祉出发，逐渐形成了具有中国特色和中国风格的生态民生智慧，充分展示了我国"以良好生态惠及全体人民"的新颖理念和扎实行动，不仅指导着我国人民逐步迈向绿色强国的新征程，而且也为塑造生态惠民利民的大国形象提供了理论遵循。习近平生态民生观具有前瞻性的国际视野，倡议构建"人类命运共同体"，呼吁同世界各国人民一道，携手共建生态良好的地球家园，为全球生态民生治理提供了更多想象空间。

纵观全球政治经济的发展态势，世界将进入一个全新的历史发展阶段。从政治格局来看，西方发达国家凭借巨大的财富积累主导着国际话语体系的构建，在国际话语格局中呈现出明显的"西强东弱"特征，旨在用主导的话语体系为本国的国家和人民谋求最大的利益。因此，国际组织或国际社会针对生态环境领域形成的多项议题更多倾向于维护发达国家的整体利益而忽视发展中国家的整体利益，使发展中国家在碳排放限制、能源减耗等方面受到了不公平和不公正的待遇。以碳排放为例，中国提出共同但有区别的责任原则是全球气候治理的基石，呼吁发达国家要充分照顾发展中国家的特殊困难和关切，为发展中国家提供资金、技术、能力建设等支持，提高其应对气候变化的能力和韧性。中国认真履行各种环境公约和国际协定，为各国环境合作提供强有力的政治推动力，同时积极加强与国际社会在生态领域的交流合作，主动承担节能减排、低碳降耗等责任，充分彰显为全球谋求生态福祉的大国担当。从经济格局来看，西方发达国家工业化进程中物质财富积聚进程大多经历了绕不开的"先污染后治理"的怪圈，随之而来的是各类环境公害问题的层出不穷，给人类的栖息之所造成了巨大的伤害。习近平总书记强调指出："工业化创造了前所未有的物质财富，也产生了难以弥补的生态创伤。我们不能吃祖宗饭、断子孙路，用

---

①　习近平. 论坚持人与自然和谐共生［M］. 北京：中央文献出版社，2022：231-232.

破坏性方式搞发展。"①我国根据国外生态环境发展史的经验教训，并结合中国具体国情和生态环境现状，从党和国家层面提升了生态民生的重要地位，果断走出一条绿色发展和生态民生协同共建的新道路和新模式，利用绿色经济主推本国人民共同富裕，利用生态民生增进本国百姓生态福祉，向全世界传播了中国的生态民生智慧。习近平生态民生观深谙生态环境事关各国人民的福祉，以世界各国人民对美好生活的向往和对优良环境的期待为目标，从全人类生态福祉和全球生态民生大局出发，呼吁各国摒弃意识形态偏见，"探索保护环境和发展经济、创造就业、消除贫困的协同增效，在绿色转型过程中努力实现社会公平正义，增加各国人民获得感、幸福感、安全感"②。中国在利用生态经济助推本国人民走上致富之路和奔向美好生活之旅的同时，不断向国际社会分享中国生态民生建设的成功经验和治理智慧，由此彰显了中国主动担当的广阔胸襟和大国形象。与此同时，中国注重深化与发展中国家的交流与合作，为其提供资金和技术支持，帮助其建设清洁能源项目、发展环境友好型农业、建立低碳智慧型城市等，为这些国家和地区提供了绿色发展与摆脱贫困共赢的中国智慧和中国方案。

---

① 中共中央文献研究室. 习近平关于社会主义生态文明建设论述摘编[M]. 北京：中央文献出版社，2017：144.

② 习近平. 论坚持人与自然和谐共生[M]. 北京：中央文献出版社，2022：275-276.

第四章　整体系统观：山水林田湖草沙冰是生命共同体

习近平总书记从生态文明建设的整体视野，先后提出"山水林田湖是生命共同体""山水林田湖草是生命共同体""山水林田湖草沙是一个生态系统""坚持山水林田湖草沙冰一体化保护和系统治理"等重要论断，深刻揭示了山水林田湖草沙冰等是不可分割的生态系统，共同构成相互依存、有机关联的生命共同体，不仅蕴含着自然与自然之间、人与自然之间普遍联系的深刻理念，并且充分吸收了唯物辩证法和辩证唯物主义自然观的核心思想。这一生命共同体思想决定了生态环境问题的解决不应诉诸某一方面或某一领域，而应当统筹考虑环境要素的复杂性、生态系统的完整性、自然地理单元的连续性、经济社会发展的可持续性，要运用整体观念和系统思维，抓住主要矛盾和矛盾的主要方面，坚持全方位、全地域、全过程开展生态文明建设，这既是对马克思主义关于唯物主义自然观和唯物辩证法的创造性运用，同时也是对中国传统哲学智慧注重整体的思维方式的创造性转化，具有重大的世界观意义和方法论价值。

第一节　"山水林田湖草沙冰是生命共同体"的形成过程

中华民族上下五千年的文明史孕育了丰富的生态哲学。"道法自然""天人合一"等中华传统生态智慧，为统筹山水林田湖草沙冰一体化保护和系统治理提供了重要的思想资源。"山水林田湖草沙冰是生命共同体"理念既是对中华传统生态哲学的传承与发展，也是对马克思主义生态观的继承与发展。党的十八大以来，在推动美丽中国建设的进程中，习近平生态文明思想将唯物辩证法运用于生态环境治理上，创造性地提出了"山水林田湖草沙冰是生命共同体"的思想。"山水林田湖草沙冰是生命共同体"论断是习近平生态文明思想的原创性概念，也是一个逐步形成、发展和深化的过程。

一、山水林田湖是生命共同体

早在 20 世纪 80 年代末 90 年代初，时任宁德地委书记的习近平就谈道："例如，修了一道堤，人行车通问题解决了，但水的回流没有了，生态平衡破坏了；大量使用地热水，疗疾洗浴问题解决了，群众很高兴，但地面建筑下沉了，带来了更为棘手的后果；这类傻事千万干不得！"[1]他指出，要杜绝出现"解决一个问题，留下十个遗憾"的现象！这可以算是习近平总书记对自然生态系统要保持平衡较早的思考了。在自然界，任何生物群落都不是孤立存在的，它们总是通过物质和能量的交换与周围的环境相互联系、相互作用，共同构成一个生态系统。保持生态系统内部诸多要素之间的平衡，是人类社会可持续发展的重要保障。

在相当长的时间内，我国在推进生态环境治理的进程中曾一度存在分而治之、各管一摊、相互掣肘、顾此失彼的顽疾，严重影响了生态文明建设的成效。比如，将水污染防治这一系统性工程分散在不同的行政部门进行管理，而忽视了水系和水治理可能涉及山上山下、地上低下、陆地海洋以及流域上下游等多个环节的复杂性、完整性和系统性。事实上，自然界是一个包括山、水、林、田、湖等诸多自然要素的有机生命整体，而且现代生态学和系统论已经科学揭示了自然这一生命共同体的系统性。只有保持自然系统的原真性和整体性，才能维护其可持续性和完整性，人类文

---

① 习近平. 摆脱贫困[M]. 福州：福建人民出版社，1992：14.

明才能得以持续存在和不断演化。习近平总书记多次强调，在生态环境保护上，一定要树立大局观、长远观、整体观，不能因小失大、顾此失彼、寅吃卯粮、急功近利，我们必须牢固树立生命共同体意识，从系统思维和全局角度寻求新的生态环境治理之道，从整体上推进生态文明建设。因此，针对长期以来国土空间用途管制存在各自为政的弊端，2013 年 11 月，习近平总书记在党的十八届三中全会上明确提出了深化生态文明体制改革和加快建立生态文明制度的要求，指出："山水林田湖是一个生命共同体，人的命脉在田，田的命脉在水，水的命脉在山，山的命脉在土，土的命脉在树……如果种树的只管种树、治水的只管治水、护田的单纯护田，很容易顾此失彼，最终造成生态的系统性破坏。"①他进一步指出："由一个部门负责领土范围内所有国土空间用途管制职责，对山水林田湖进行统一保护、统一修复是十分必要的。"②可见，习近平总书记主张治水与治山、治林、治田统筹起来，把它们作为一个生命共同体进行统一保护和统一修复。

二、山水林田湖草是生命共同体

自然系统在构成上具有多样性、复杂性。草原是陆地生态系统的重要组成部分，是地球上分布最广的植被类型，具有涵养水源、防风固沙等重要的生态功能，具有产草产畜、藏粮于草等独特的社会经济功能。我国草原面积约占国土面积的 41%，为现有耕地面积的 3 倍，约占全球草原面积的 12%，是主要江河源头水源涵养区和生态屏障，事关国家生态安全、经济发展和民族团结。我国一些地方的退耕还林工作之所以成效不突出，根本原因就在于没有发挥好退耕还草的基础性生态涵养功能。经验证明，只有在退耕还草成功的基础上，才可以真正实施退耕还林。我国十分重视草原保护，但草原退化和沙化问题依然严重。因此，亟须将"草"纳入到生命

① 习近平谈治国理政[M]. 北京：外文出版社，2014：85.
② 习近平谈治国理政[M]. 北京：外文出版社，2014：85-86.

共同体当中，正所谓"林草兴则生态兴"。

2017 年 7 月，中央全面深化改革领导小组第 37 次会议通过了《建立国家公园体制总体方案》，习近平总书记主张在"山水林田湖"的基础上，将"草"纳入其中，形成更加全面、系统的共同体，即"山水林田湖草是一个生命共同体"，进一步扩展了生命共同体的边界和范围，突出了生态环境保护和生态文明建设的系统性。这年 10 月，习近平总书记在党的十九大报告中指出："坚持节约资源和保护环境的基本国策，像对待生命一样对待生态环境，统筹山水林田湖草系统治理。"①2018 年 5 月，全国生态环境保护大会召开，习近平总书记强调"山水林田湖草是生命共同体"，要"统筹兼顾、整体施策、多措并举，全方位、全地域、全过程开展生态文明建设"②。可见，包括山水林田湖草在内的自然生态系统是一个复杂庞大、各元素相互交织的整体系统，往往牵一发而动全身。只有打通彼此间的"关节"与"经脉"，通盘考虑、整体谋划，才能真正做到整体推进生态文明建设。习近平总书记还在东北三省、河南、陕西、宁夏、湖南等地考察时多次谈到要"统筹山水林田湖草治理""加快统筹山水林田湖草治理""统筹山水林田湖草系统治理""统筹推进山水林田湖草系统治理"③等。2021 年 3 月，在福建考察谈及建立国家公园体制时，习近平总书记说道："按照山水林田湖草是一个生命共同体的理念，保持自然生态系统的原真性和完整性"④，这就把我国最大的陆地生态系统纳入其中，使"生命共同体"的内涵更为广泛、完整，体现了深刻的大生态观，此论断后被确立为习近平生态文明思想的核心要义之一。

三、山水林田湖草沙是一个生态系统

草原退化会导致沙漠化。在草原生态系统中，草本植物是主要的生产

---

① 习近平著作选读（第 2 卷）[M]. 北京：人民出版社，2023：20.

② 习近平. 论坚持人与自然和谐共生[M]. 北京：中央文献出版社，2022：12.

③ 习近平. 论坚持人与自然和谐共生[M]. 北京：中央文献出版社，2022：194-196.

④ 习近平. 论坚持人与自然和谐共生[M]. 北京：中央文献出版社，2022：197.

者，这些植物通过光合作用将太阳能转化为化学能，为整个生态系统提供能量和物质基础。当草原生态系统受到干旱、风沙、紫外线等自然环境变化或火灾、洪水等自然灾害的影响时，草原植被容易遭受破坏，土壤变得干燥、贫瘠，进而导致草原退化成沙漠。这即是说，在自然因素方面，降水量少是沙漠化的主要因素；就社会原因来看，过度放牧、过度开垦、过度采伐等不合理的人类活动也是导致沙漠化的重要成因。沙漠化是人类面临的最为严重的生态环境问题之一，最终将导致陆上生物的减少，进而影响人类的经济和生产生活，威胁人类的生存安全。我国沙漠化治理取得了显著成效，但沙漠化土地面积仍然占陆地国土面积的四分之一。因此，亟须将"沙"纳入生命共同体当中。

党的十八大以来，习近平总书记十分重视防沙治沙工作。他指出，荒漠化防治是关系人类永续发展的伟大事业，功在当代、利在千秋。要发扬艰苦奋斗的精神，努力把沙漠变为绿洲。2019 年 9 月 18 日，习近平总书记主持召开黄河流域生态保护和高质量发展座谈会，提出要"共同抓好大保护，协同推进大治理"，指出"黄河生态系统是一个有机整体，要充分考虑上中下游的差异"①，针对黄河复杂难治的水少沙多、水沙关系不协调的症结，强调"要保障黄河安澜，必须抓紧抓住水沙关系调节这个'牛鼻子'"②。2020 年 8 月 31 日，习近平总书记主持召开中共中央政治局会议，审议《黄河流域生态保护和高质量发展规划纲要》，指出要统筹推进山水林田湖草沙综合治理、系统治理、源头治理。2021 年全国两会期间，习近平总书记在参加内蒙古代表团审议时强调，"要统筹山水林田湖草沙系统治理，实施好生态保护修复工程，加大生态系统保护力度"③。在原有的"山水林田湖草"的基础上又增加一个"沙"字，进一步丰富和拓展了"生命共同体"理念。沙漠化被称为是"地球的癌症"，如果不积极进行施策治理，将

---

① 习近平. 论坚持人与自然和谐共生[M]. 北京：中央文献出版社，2022：242.
② 习近平. 论坚持人与自然和谐共生[M]. 北京：中央文献出版社，2022：243.
③ 习近平. 论坚持人与自然和谐共生[M]. 北京：中央文献出版社，2022：197.

对人类的生存生活带来严重的威胁。因而，这一字之增加更充分体现了生态系统亟须进行整体整治的重要性和紧迫性。2021 年 4 月 22 日，习近平总书记在"领导人气候峰会"的讲话中强调："山水林田湖草沙是不可分割的生态系统。保护生态环境，不能头痛医头、脚痛医脚。"①将山水林田湖草沙看做一个生态系统，是对"山水林田湖是生命共同体"思想的进一步扩展。只有科学认识山水林田湖草沙生态系统这一有机整体的内在关联，才能提升沙漠化防治的系统性、科学性、有效性，也才能有效筑牢生态安全屏障。

四、坚持山水林田湖草沙冰一体化保护和系统治理

与沙漠一样，冰川和冻土同样是脆弱的陆地生态系统。受全球气候变暖和其他人为因素的影响，冰川退缩和冻土消融导致的灾害风险已经成为严重的生态环境问题之一。除南极和北极之外，青藏高原覆盖着广泛的冰川和冻土，分布着我国 81.6%的冰川和 90%的多年冻土。同时，该区域又是全球气候变暖的极度敏感地区，现在升温速度大约为全球平均升温水平的 2 倍。从 20 世纪 70 年代末开始，青藏高原已有四分之一的冰川融化，冻土出现了冻结持续天数缩短、最大冻土深度减小等问题，加大了灾害风险。例如，冻土融化将会把埋藏在里面的老碳释放到水体中，增加全球二氧化碳排放，从而进一步加剧全球气候暖化的趋势，为此，亟须将"冰"纳入生命共同体当中。②

2022 年北京冬奥会赛场精彩纷呈，不仅给世界各地的观众带来了精彩绝伦的视觉盛宴，更推动了中国冰雪经济的澎湃到来。白雪换白银，冰天雪地也是金山银山，人们对于冰天雪地的认识也在悄然发生改变。冰雪不仅是一种自然资源，更是一种经济资源，还可以带动社会经济的多方面发

---

① 习近平. 论坚持人与自然和谐共生[M]. 北京：中央文献出版社，2022：275.
② 张云飞，李娜. 坚持山水林田湖草沙冰系统治理[J]. 城市与环境研究，2022（1）：12-30.

展，诸如冰雪装备、冰雪旅游、冰雪赛事、冰雪运动培训、冰雪营销等冰雪产业在国家的批量政策支持下，也迎来了蓬勃发展的好时机。其实早在2016年全国两会期间，习近平总书记参加黑龙江代表团审议时就提到，不仅"绿水青山是金山银山"，而且"冰天雪地也是金山银山"。2018年9月，习近平总书记在东北三省考察时再次强调："要贯彻绿水青山就是金山银山、冰天雪地也是金山银山的理念"，"使东北地区天更蓝、山更绿、水更清"①。2020年8月28—29日，习近平总书记在中央第七次西藏工作座谈会上，强调"要牢固树立绿水青山就是金山银山的理念，坚持对历史负责、对人民负责、对世界负责的态度，把生态文明建设摆在更加突出的位置，守护好高原的生灵草木、万水千山，把青藏高原打造成为全国乃至国际生态文明高地"②。2021年7月9日，习近平总书记主持中央全面深化改革委员会第二十次会议，在审议《青藏高原生态环境保护和可持续发展方案》时深刻指出："要坚持保护优先，把生态环境保护作为区域发展的基本前提和刚性约束，坚持山水林田湖草沙冰系统治理，严守生态安全红线。"③在山水林田湖草沙之外，再加上一个"冰"字，体现了对青藏高原生态保护的特殊针对性。

由"山水林田湖是生命共同体"到"山水林田湖草是生命共同体"，再到"山水林田湖草沙是一个生态系统"，再到"山水林田湖草沙冰一体化保护和系统治理"，不仅拓宽了生命共同体理念的内涵和外延，同时也验证了自然生态要素对于人类生存与发展的重要意义。生态系统是一个系统整体，山、水、林、田、湖、草、沙、冰等构成相依共存、有机关联的生命共同体，这个生命共同体的生生循环和绵延不息是人类生存发展的物质根基。

① 习近平. 论坚持人与自然和谐共生[M]. 北京：中央文献出版社，2022：194.

② 全面贯彻新时代党的治藏方略 建设团结富裕文明和谐美丽的社会主义现代化新西藏[N]. 人民日报，2020-08-30(1).

③ 统筹指导构建新发展格局 推进种业振兴 推动青藏高原生态环境保护和可持续发展[N]. 人民日报，2021-07-10(1).

第二节 "山水林田湖草沙冰是生命共同体"的科学内涵

我国在生态环境治理早期，往往采用分门别类调查监测方式，一度存在着分而治之的问题，忽视了系统治理的整体性，严重影响了生态文明建设的成效。在中国特色社会主义进入新时代的大背景下，党的十八届三中全会提出统筹兼顾传统保护修复治理理念，从各自为政转为全域治理，从多头管理转为统筹协同，并提出"山水林田湖是一个生命共同体"的重要论断，近年来又逐渐加入草、沙、冰等要素，提出要"坚持山水林田湖草沙冰一体化保护和系统治理"，以多要素组成的环境服务功能提升作为指导方向，兼有整体性、功能性和均衡性等特点，倡导实施生态系统整体保护、系统修复、综合治理、协同推进。这一科学理念界定了人与自然和生态系统要素之间的内生关系，蕴含着丰富的生态哲学思想，为人类认识自然界和协调人与自然关系提供了重要的理论依据。

一、自然与自然的生命共同体

自然与自然是生命共同体，即"山水林田湖草沙冰是一个生命共同体"，这就是说，山、水、林、田、湖、草、沙、冰等各个自然要素之间相互关联、相互作用、相互补充、相互依赖、不可替代。即使它们在结构与功能上具有明显的差异，但是在时间、空间上的排列组合遵循一定的自然规律，并通过能量流动和物质循环，形成了独立又彼此依存的复杂关系，共同构成了生物圈系统的闭合性和完整性。习近平总书记坚持辩证唯物主义的整体观和系统观，深刻揭示了"自然与自然是生命共同体"的理念，提出"人的命脉在田，田的命脉在水，水的命脉在山，山的命脉在土，土的命脉在树"[1]。这里，习近平总书记用"命脉"把"山水林田湖草"等生

---

[1] 中共中央文献研究室. 习近平关于社会主义生态文明建设论述摘编[M]. 北京：中央文献出版社，2017：47.

态系统各要素连在一起，不实施分割式管理，每个自然要素的地位并没有轻重区分，一个要素遭到破坏，其他要素必然受到影响，势必牵连整个生态系统功能的正常运行，从而产生一系列不可逆的连锁反应，很难通过生态修复恢复至原来状态。

2021年4月，习近平总书记在"领导人气候峰会"上发表"共同构建人与自然生命共同体"的讲话，指出"我们要按照生态系统的内在规律，统筹考虑自然生态各要素，从而达到增强生态系统循环能力、维护生态平衡的目标"①。同年7月，习近平总书记在西藏考察时再次强调要"坚持保护优先，坚持山水林田湖草沙冰一体化保护和系统治理，加强重要江河流域生态环境保护和修复，统筹水资源合理开发利用和保护，守护好这里的生灵草木、万水千山"②。2022年3月，党和国家领导人习近平、李克强等同首都群众一起参加义务植树。习近平总书记指出："森林是水库、钱库、粮库，现在应该再加上一个'碳库'。森林和草原对国家生态安全具有基础性、战略性作用，林草兴则生态兴。现在，我国生态文明建设进入了实现生态环境改善由量变到质变的关键时期。我们要坚定不移贯彻新发展理念，坚定不移走生态优先、绿色发展之路，统筹推进山水林田湖草沙一体化保护和系统治理，科学开展国土绿化，提升林草资源总量和质量，巩固和增强生态系统碳汇能力，为推动全球环境和气候治理、建设人与自然和谐共生的现代化作出更大贡献。"③同年10月，习近平总书记在党的二十大报告中指出："我们要推进美丽中国建设，坚持山水林田湖草沙一体化保护和系统治理，统筹产业结构调整、污染治理、生态保护、应对气候变化，协同推进降碳、减污、扩绿、增长，推进生态优先、节约集约、绿色低碳发展。"④

---

① 习近平. 论坚持人与自然和谐共生[M]. 北京：中央文献出版社，2022：275.
② 习近平. 论坚持人与自然和谐共生[M]. 北京：中央文献出版社，2022：198.
③ 全社会都做生态文明建设的实践者推动者 让祖国天更蓝山更绿水更清生态环境更美好[N]. 人民日报，2022-03-31(1).
④ 习近平著作选读(第1卷)[M]. 北京：人民出版社，2023：41.

统筹山水林田湖草沙冰一体化保护和系统治理，深刻揭示了生态系统的整体性、系统性及其内在发展规律，为全方位、全地域、全过程加强生态环境保护提供了方法论指导。"山水林田湖草沙冰是生命共同体"的论断说明，构成自然界的各个要素与周围环境之间必须保持良好的动态平衡，一旦打破这种平衡就会威胁到自然这一生命共同体本身的生存状态，进而威胁到人类生存发展的自然根基。正如习近平总书记所言："大自然是人类赖以生存发展的基本条件"[1]，"人类对大自然的伤害最终会伤及人类自身"[2]。因此，必须运用系统论的思维方法管理自然资源和生态系统，改革自然资源和生态环境监管体制，完善自然资源和生态环境管理制度，统筹优化自然生命共同体的系统配置结构，提升自然生命共同体的系统服务能力，改善自然生命共同体的系统调节功能，如此才能促进经济社会发展与生态环境保护的协调统一。

二、人与自然的生命共同体

人与自然的生命共同体，深刻揭示了人与自然之间共生共荣的相互依存关系。一方面，人类生存发展离不开自然。2021 年 4 月，习近平总书记在"领导人气候峰会"上指出："大自然是包括人在内一切生物的摇篮，是人类赖以生存发展的基本条件。"[3]2018 年 5 月，习近平总书记在纪念马克思诞辰两百周年大会上指出："学习马克思，就要学习和实践马克思主义关于人与自然关系的思想。马克思认为，'人靠自然界生活'，自然不仅给人类提供了生活资料来源，如肥沃的土地、渔产丰富的江河湖海等，而且给人类提供了生产资料来源。自然物构成人类生存的自然条件，人类在同自然的互动中生产、生活、发展，人类善待自然，自然也会馈赠人类。"[4]以习近平同志为主要代表的中国共产党人，在几代中国共产党人不懈探索

---

①　习近平著作选读（第 1 卷）[M]．北京：人民出版社，2023：41．
②　习近平著作选读（第 2 卷）[M]．北京：人民出版社，2023：41．
③　习近平．论坚持人与自然和谐共生[M]．北京：中央文献出版社，2022：275．
④　习近平．论坚持人与自然和谐共生[M]．北京：中央文献出版社，2022：225．

的基础上，通过深刻把握中国共产党人执政规律、社会主义建设规律、人类社会发展规律，将马克思主义生态思想同中国生态文明建设实践相结合，创造性地提出了"山水林田湖草沙冰是生命共同体"这一新认识、新理念。山水林田湖草沙冰等自然要素与城、村、路、矿等人为社会要素之间存在着紧密的耦合关系，人类社会的发展往往依靠这些自然资源进行生产、生活。正如习近平总书记所说的那样："良好生态环境是人和社会持续发展的根本基础。"①人类要开发利用自然资源，往往会破坏自然界原有的生态平衡，从而遭到自然界的无情报复和疯狂反扑。习近平总书记可谓一语道破："节约资源是保护生态环境的根本之策……大部分对生态环境造成破坏的原因是来自对资源的过度开发、粗放型使用……因此，必须从资源使用这个源头抓起。"②当原有的自然生态平衡被人类打破之后，人类逐步认识到自然规律的不可抗拒性，通过调节人类自身行为，在尊重自然规律的前提下，正确地发挥自身的能动性和创造性，又能够重建与自然生态系统新的动态平衡关系。从这个意义上来说，人类与自然的关系既是对立的，又是统一的；既是矛盾的，又是和谐的。

另一方面，人与自然共同组成了"复合生态系统"。人类进入工业文明时代以来，随着生产力水平的不断发展与进步，在创造巨大物质财富的同时，人类探索自然的欲望越来越强烈，改造自然的能力越来越现代化，对自然资源的攫取不断加速，频繁的实践活动打破了地球原有的生态系统平衡，原始的自然地貌刻上了人类特有的足迹。现在的自然已经不是传统意义上的自在自然，已经逐渐演变为人与自然融为一体的人化自然，人类的发展和自然的命运紧紧相拥在一起，相互影响、相互制约、一荣俱荣、一损俱损。习近平总书记深刻指出："近年来，气候变化、生物多样性丧失、

---

① 中共中央文献研究室. 习近平关于社会主义生态文明建设论述摘编[M]. 北京：中央文献出版社，2017：45.

② 中共中央文献研究室. 习近平关于社会主义生态文明建设论述摘编[M]. 北京：中央文献出版社，2017：44-45.

荒漠化加剧、极端气候事件频发，给人类生存和发展带来严峻挑战。"①那么，如何共同构建人与自然生命共同体？如何将生态文明建设同中国特色社会主义发展相结合？2021年7月，习近平总书记来到尼洋河大桥，听取雅鲁藏布江及尼洋河流域生态环境保护和自然保护区建设等情况，并强调指出，"要坚持保护优先，坚持山水林田湖草沙冰一体化保护和系统治理"②。2022年6月，《求是》杂志发表习近平总书记所写的重要文章《努力建设人与自然和谐共生的现代化》，明确指出，"我国建设社会主义现代化具有许多重要特征，其中之一就是我国现代化是人与自然和谐共生的现代化，注重同步推进物质文明建设和生态文明建设"③，这为我们指明了未来人与自然的发展方向。"山水林田湖草沙冰是生命共同体"在空间上将自然资源要素与人类社会要素紧密地结合在一起，形成了对生命共同体思想的系统诠释，即"人与自然是生命共同体"。这一重要理念系统回答了建设什么样的生态文明、怎样建设生态文明等重大理论和实践问题，深刻阐述了人与自然是生命共同体的内在规律与本质要求，开创了生态文明建设新境界，是社会主义生态文明建设理论创新成果和实践创新成果的集大成，标志着我党对社会主义生态文明建设的规律性认识达到新的高度。

三、两种生命共同体之间的辩证关系

在环境伦理学中，存在着人类中心主义和生态中心主义两个针锋相对的流派。其中，人类中心主义认为人类是万物的主宰，人类的利益和需要具有最高的价值。生态中心主义基于自然世界具有内在价值的哲学前提，以整体主义为方法论形成了环境伦理学主张。如果说人类中心主义存在着"见人不见物"的弊端，那么，生态中心主义则存在着"见物不见人"的局限。相比之下，我们需要超越人类中心主义和生态中心主义，转向一种既

① 习近平. 论坚持人与自然和谐共生[M]. 北京：中央文献出版社，2022：274.
② 习近平. 论坚持人与自然和谐共生[M]. 北京：中央文献出版社，2022：198.
③ 习近平. 论坚持人与自然和谐共生[M]. 北京：中央文献出版社，2022：281-282.

以自然为中心，又以人类为中心的层次整体论，习近平总书记提出的两种生命共同体的辩证关系为我们提供了更为科学的生态伦理选择。整个世界构成一个有机的生态系统，既包含自然生态系统，也包含社会生态系统，二者属于世界这个有机生态系统的两个不同侧面。其中，"自然与自然的生命共同体"着重强调的是各种自然要素构成的有机整体，要求人类通过社会实践活动有目的地利用自然、改造自然时，其行为方式必须以尊重自然规律为前提，要坚持以自然为根，绝不能盲目地凌驾于自然之上，要树立敬畏自然、尊重自然、顺应自然、保护自然的生态文明理念。"人与自然的生命共同体"着重强调的是人与自然构成的有机整体，更多揭示的是"自然—社会—人"的一体性存在，人与自然之间应保持一种和谐共生的辩证统一关系，人类一旦破坏了自然生态环境，最终将会受到大自然对自己的惩罚与报复。恩格斯在《论权威》中首次以"报复"为关键词描述了社会生产引发的人与自然关系矛盾，如果说人靠科学和创造性天才征服了自然力，那么自然力也对人进行报复。在《自然辩证法》中，恩格斯又指出，我们不要过分陶醉于我们对自然界的胜利，对于每一次这样的胜利自然界都报复了我们。不尊重自然，违背自然规律，人类生存发展就成了无源之水、无本之木。因为自然这一生命共同体不仅馈赠了人类丰富的物质基础，而且提供了人类生存发展的生态命脉。

发展不可避免会消耗资源和污染环境，但是要正确处理好经济发展与环境保护的关系，坚持节约资源和保护环境的基本国策。在不断推进社会经济发展的同时，摒弃损害甚至破坏生态环境的发展模式，摒弃以牺牲环境换取一时发展的短视做法。坚持"山水林田湖草沙冰是生命共同体"，本质上就是要求在治理工作中贯彻自然价值理念，保证资源的可持续利用和生态环境的可持续发展。在开发利用任何一种要素资源时必须充分考虑对其他要素资源和对整个生态系统的影响，加强对各种自然资源的保护和对整个生态系统的保护。比如在开发矿产资源时，要处理好局部与整体的关系，要考虑到开发一种资源对另一种资源的影响。典型的案例是祁连山系列环境污染案，其中一个突出的问题是在保护区内违规违法开发矿产资源，造成了山体植被破坏、水土流失、地表塌陷，严重破坏祁连山的生态系统。习近平总书记曾指出："人类只有遵循自然规律才能有效防止在开发利用自然上走弯路，人类对大自然的伤害最终会伤及人类自身，这是无法抗拒的规律。"①因此，我们应该树立生态优先、绿色发展的发展理念，坚持生态环境健康发展，注重生态环境保护，最大程度上减少对自然这一生命共同体的破坏，让良好生态环境成为经济社会可持续发展的有力支撑。保护好自然生命共同体就是保护人类、造福人类，坚持人与自然和谐共生。概而言之，习近平总书记关于两个共同体的科学论断蕴含着自然与自然、人与自然普遍联系的深刻理念，不仅吸收了国际上可持续发展理论和生态系统理论的核心思想，而且承接了历代中国共产党人对生态系统认知的实践探索。无论是"自然与自然的生命共同体"还是"人与自然的生命共同体"，都是我党在社会主义建设中与时俱进、不断升华的智慧结晶，是推进人与自然和谐共生的现代化的思想启迪，是新时代坚持生态文明建设的重要举措。

第三节 "山水林田湖草沙冰是生命共同体"的深刻意蕴

"山水林田湖草沙冰是生命共同体"广义上包括"人与自然的生命共同体"，是对包括人类在内的整个自然系统的哲学指认和确认，狭义上是指除人类以外的全部自然要素构成的有机整体，即"自然与自然的生命共同体"，是相同时间内聚集在同一区域的、相互之间具有直接或间接关系的各种生物种群的总和，是生态系统的重要组成部分，是对人类以外的自然系统的哲学指认和确认。因此，"山水林田湖草沙冰是生命共同体"论断，不仅蕴含着自然与自然之间、人与自然之间普遍联系的深刻理念，并且充分吸收了唯物辩证法和辩证唯物主义自然观的核心思想。唯物辩证法的辩证思维包括系统思维和生态思维，系统思维和生态思维又是辩证思维的重

---

① 习近平著作选读（第 2 卷）［M］. 北京：人民出版社，2023：41.

要维度和集中体现。根据事物自身对立又统一的矛盾特性,辩证思维要求
人们全面地、系统地、联系地、发展地认识和处理各种问题和关系;系统
思维要求人们将整个世界和各种事物看做一个由不同部分按照一定结构而
构成的整体,强调整体具有大于部分之和的结构和功能;生态思维要求将
生物与环境、人类与自然看做不可分割的有机整体,强调生态系统思维的
普遍意义。

一、对辩证唯物主义自然观总体要求的新突破

辩证唯物主义自然观的核心思想是关于自然界以什么样的状态而存在
的观点,对这一问题的不同看法使其与一切过去关于自然的观点区别开来
而成为一种"新自然观",即整个自然界是一个处于不断运动变化中的普遍
联系的整体,这就是辩证唯物主义自然观的核心观点。"山水林田湖草沙
冰是生命共同体"是对辩证唯物主义自然观总体要求的新突破,充分体现
了辩证唯物主义自然观的核心内涵,即自然界不同物质之间存在互相依
赖、互相作用、互相制约的有机联系。作为辩证思维发展的科学形态,唯
物辩证法为我们正确认识和处理人与自然的关系提供了科学的世界观和方
法论。辩证唯物主义自然观以唯物辩证法为理论基础,既包含了马克思主
义对自然更为全面、更为深刻的科学认识,也包含了关于人与自然关系的
深邃思考。马克思主义要求按照系统性原则观察自然事物,妥善处理人与
自然的关系。由山、水、林、田、湖、草、沙、冰等组成的系统,是一个
复杂的系统。系统各个因子之间,存在着复杂的相互依存、相互促进、相
互制约的关系,并由此形成了一个"生命共同体"。"山水林田湖草沙冰"这
一生命共同体,如果其中一个要素或者几个要素发生了改变,那么另外的
要素也会发生变化,不能按照原有规律继续存在下去。这就说明"山水林
田湖草沙冰"中的任何一个要素本身就是一个系统,同时它又是另一层次
系统的一个要素或一个方面,所以只有在相互联系和相互作用中才能认识
"山水林田湖草沙冰"这一生命共同体。事实上,人们认识事物也就是认识
事物内部和外部的相互联系。因此,这就要求我们从整体大局上认识"山

水林田湖草沙冰"生命共同体，摒弃片面、零散的观点；从普遍联系上认识"山水林田湖草沙冰"生命共同体，摒弃单一、孤立的观点；从进取发展上认识"山水林田湖草沙冰"生命共同体，摒弃静止、陈旧的观点，系统处理生态环境治理问题。

　　"山水林田湖草沙冰是生命共同体"体现了自然界这一系统相互作用的紧密联系。辩证唯物主义自然观主张通过探索自然界演变的基本过程和本质联系，从而揭示自然界演变的基本矛盾，进而尊重自然界演化的客观规律。恩格斯以唯物辩证法为指导，深刻揭示了自然界是一个不断运动变化普遍联系的整体，提出了运动形式和物质形态的两个范畴，并指出在自然界中任何一个物质形态都有一个对其起决定作用的主要的运动形式，物质形态随着运动形式的变化而变化，这就是自然界演化发展的一般规律。因此，不论人类主体性如何强大，自然界均不以人的意志为转移，人是物质世界的一部分，人类必须坚持尊重、遵循客观存在的自然规律，否则就要遭受自然界的报复。"山水林田湖草沙冰生命共同体"的系统治理，以"人与自然是不可分割的生命共同体"为基本理念，随自然界演化形式的变化而变化，达到以系统性的方式保护自然界存在的演化规律。如果我们割裂这种系统联系，同样会遭受自然界的报复。除此之外，"山水林田湖草沙冰是生命共同体"还体现了自然界与人类之间和谐共生的紧密联系。辩证唯物主义自然观还主张人在正确认识和运用自然规律时要实现人和自然的和谐发展。马克思主义认为，自然界是人的无机身体，是人的精神无机界，而且自然界是人们进行物质生产和精神生产的重要源泉。这说明马克思主义把自然界看做人类生存和发展的前提和基础，而人类作为自然界的一部分，不能凌驾于自然之上，无限制向自然界索取，必须合理调节自身与自然的关系，通过发挥自身能动性以更好满足自身需要和促进社会进步，并在这一过程中实现人与自然的协调和谐。"山水林田湖草沙冰是生命共同体"吸取融合辩证唯物主义自然观的核心内涵，主张人和自然共同构成一个有机的整体，在人与自然的相互作用中认识自然界以及认识人类自身，建立人类同自然之间和谐统一的辩证世界图景。

二、对唯物辩证法系统思维的新发展

在唯物辩证法的科学体系中，系统思维是其基本规定和重要特征。恩格斯在《运动的基本形式》一文中指出："我们所接触到的整个自然界构成一个体系，即各种物体相联系的总体……这些物体处于某种联系之中，这就包含了这样的意思：它们是相互作用着的，而它们的相互作用就是运动。"①而这里的"物体"，是指自然界所有的物质存在，它们之间是普遍联系的生态系统，而这里的"体系"就是"系统"的意思。恩格斯进一步得出另一个结论："宇宙是一个体系，是各种物体相联系的总体。"②这即是说，整个世界是系统性的存在和过程，没有孤立和静止的事物，构成相互联系相互作用的总体。由此，在辩证唯物主义基础上，系统自然观成为马克思主义自然观的重要维度。不仅自然与自然之间共同构成一个系统，而且人和自然二者之间也共同构成一个系统。系统是相互关联的元素的集，世界和作为其组成部分的自然界都是由不同部分构成的系统。尽管存在着非系统性现象，但整个世界主要按照系统方式存在和演化，按照系统的观点观察事物和处理事务所形成的思维就是系统思维。值得一提的是，马克思主义经典作家尽管已经明确论述了整个自然界和宇宙构成一个体系或者系统的思想，但传统的马克思主义原理往往将唯物辩证法的要求和特征概括为"坚持用联系的、全面的、发展的观点看问题"。随着系统科学的蓬勃发展，系统思维成为马克思主义哲学研究的重大前沿问题，它要求人们从整体上认识自然、社会和人类思维，从整体上处理人与自然、人与社会、人与自身等一系列关系。习近平总书记指出，坚持唯物辩证法，就是要坚持发展地而不是静止地、全面地而不是片面地、系统地而不是零散地、普遍联系地而不是单一孤立地观察事物，妥善处理各种重大关系，鲜明指出要坚持系统观念，提高系统思维，这是对唯物辩证法的特征和要求的新概括

---

① 马克思恩格斯文集(第9卷)[M]. 北京：人民出版社，2009：514.
② 马克思恩格斯文集(第9卷)[M]. 北京：人民出版社，2009：514.

和新发展。

在坚持唯物辩证法的基础上，习近平生态文明思想进一步突出了自然界以系统方式存在和演化的规律。2014 年 3 月，习近平总书记在中央财经领导小组第五次会议上深刻指出："生态是统一的自然系统，是各种自然要素相互依存而实现循环的自然链条。"①从微观层面来看，每一个自然要素构成自身的一个系统，比如，水是山水林田湖草沙冰这一生命共同体中的一个要素，但同时水又有一个相对独立的生态系统，由水资源、水生态、水环境等要素构成，治水则涉及开发利用、治理配置、文物保护等诸多环节。从中观层面来看，每一个地理单元和空间结构都构成一个完整的系统，并与其他的地理单元和空间结构共处于一个更大的系统之中。在自然系统中，每个要素都作用于其他要素，其他要素又受到该要素和另外要素的影响和制约，这种相互联系和相互作用就形成了自然系统。比如，拿治水来说，要统筹自然生态的各要素来进行治水，不能就水论水，要统筹治水和治山、治水和治林、治水和治田、治山和治林等关系。要了解山水林田湖草沙冰等各要素的具体状况，明晰子要素及总体系统的有机联系，把握整个生态系统的总体脉象，抓住系统中的关键节点，"对症下药"，解决生态环境治理中的各种难题。从宏观层面来看，整个宇宙构成了一个丰富又复杂的生态系统，不同的星球共处于同一个宇宙大系统之中，不同国家与国家之间、不同地区与地区之间共处于一个地球家园之中，整个世界是相互联系的整体，也是相互作用的宇宙系统。当今世界是一个开放的世界，"地球村"早已成为现实。2021 年 10 月，习近平总书记在《生物多样性公约》第十五次缔约方大会领导人峰会上的主旨讲话中呼吁"国际社会要加强合作，心往一处想、劲往一处使，共建地球生命共同体"②，提出"要构建三个地球家园"，即"构建人与自然和谐共生的地球家园"，"构建经济与

---

①　中共中央文献研究室. 习近平关于社会主义生态文明建设论述摘编［M］. 北京：中央文献出版社，2017：55.

②　习近平. 论坚持人与自然和谐共生［M］. 北京：中央文献出版社，2022：291.

环境协同共进的地球家园","构建世界各国共同发展的地球家园"①。"三个家园"的提出,受到国际社会的广泛关注。

三、对唯物辩证法生态思维的新拓展

唯物辩证法的辩证思维包括系统思维和生态思维,系统思维和生态思维都是辩证思维的维度和体现。根据事物自身的矛盾本性,辩证思维要求人们要全面地、系统地、联系地、发展地认识和处理各种问题和关系;系统思维要求人们将整个世界和各种事物看做一个由不同部分按照一定结构构成的整体,强调整体具有大于部分之和的结构和功能。当运用系统思维观察自然事物、处理人与自然关系时,就突出了生态思维的功能和特点。在唯物辩证法体系中,系统思维和生态思维是统一的,生态思维是系统思维在生物与环境、人与自然关系上的进一步扩展。生态思维要求将生物和环境、人类与自然看做不可分割的有机整体,强调生态系统思维的普遍意义。生态思维认为,人是自然界的一部分,并与身外的自然存在着的密不可分的关系。生态思维要求将生物与环境、人类与自然看做相互联系、相互影响又相互制约的生态系统,主张用系统工程学和生态学原理所提出的"生态系统"概念去认识问题和解决问题。生态思维可以从两个维度进行理解,由此形成了广义生态思维和狭义生态思维之别。广义生态思维涵盖自然与自然、人与自然、人与人、人与社会以及人与世界等各种关系以及这些关系之间的相互作用及其发展变化。狭义生态思维则主要聚焦人与自然之间的相互作用及其发展变化,认为人源于自然界,并与周围的自然界不断进行物质循环与能量交换。换句话说,广义上的理解包括一切关系,尤其是生物有机体与生态环境的关系。狭义上的理解则将人与自然看做一个不可分割的生态系统,是对人与自然关系的系统把握。

由于客观存在着"人→田→水→山→土→树→草"和"人←田←水←山←土←树←草"这样的能量交换、信息交流、物质循环等的双向关系,因

---

① 习近平. 论坚持人与自然和谐共生[M]. 北京:中央文献出版社,2022:292.

此，人与自然要素之间所呈现出来的命脉关系构成一个有机的链条，即一个有机的生态系统。而人与自然之间的命脉关系，与中国古代哲学所讲的"五行"如出一辙。习近平总书记曾形象地指出"金木水火土，太极生两仪，两仪生四象，四象生八卦，循环不已"①，以此说明物质交换和物质循环构成了维系自然系统动态平衡的物质基础和物质机理。对现实社会的理解需要关注人与自然的相互联系，人类在与自然的交往互动中，经过了生存与发展的不断演化，人与自然之间逐渐形成了物质依赖、物质变换、物质循环的紧密关系。习近平生态文明思想要求我们遵循马克思主义唯物史观，遵循自然客观规律，认识和处理好人与自然的关系，明确指出"用途管制和生态修复必须遵循自然规律"②。在谈到城市规划时，他明确指出城市建设中"每个细节都要考虑对自然的影响，更不要打破自然系统"，切忌"把能够涵养水源的林地、草地、湖泊、湿地给占用了，切断了自然的水循环"③。习近平总书记指出："山水林田湖草沙是不可分割的生态系统。保护生态环境，不能头痛医头、脚痛医脚。我们要按照生态系统的内在规律，统筹考虑自然生态各要素，从而达到增强生态系统循环能力、维护生态平衡的目标。"④习近平总书记提出的"坚持山水林田湖草沙冰一体化保护和系统治理"是对生态思维的新发展与新推进。"坚持山水林田湖草沙冰是生命共同体"要求承认人与自然的系统关联和生态关联，不仅进一步将气候、能源、生物多样性等自然要素纳入到"山水林田湖草沙冰"等生命共同体之中，而且将"天—地—人—物"看做更大的有机生命系统，即"共同构建地球生命共同体"⑤。理性地调节人与自然以及自然与社

---

① 中共中央文献研究室. 习近平关于社会主义生态文明建设论述摘编[M]. 北京：中央文献出版社，2017：55.

② 中共中央文献研究室. 习近平关于社会主义生态文明建设论述摘编[M]. 北京：中央文献出版社，2017：47.

③ 中共中央文献研究室. 习近平关于社会主义生态文明建设论述摘编[M]. 北京：中央文献出版社，2017：49.

④ 习近平. 论坚持人与自然和谐共生[M]. 北京：中央文献出版社，2022：275.

⑤ 习近平. 论坚持人与自然和谐共生[M]. 北京：中央文献出版社，2022：291.

会之间的双重物质变换，承认和尊重人与自然的系统关联和生态关联，始终将人与自然看做生命共同体，坚持对自然界进行系统管控、系统保护、系统治理、系统修复，才能实施好山水林田湖草沙冰系统治理工程，反之，势必会影响自然生态系统和社会生态系统的紊乱和崩溃，其结局必然是生态环境恶化，自然资源枯竭，人与自然不能和谐共生，最终遭殃的必然是人类自身。

第四节 "山水林田湖草沙冰是生命共同体"的实践途径

山水林田湖草沙冰是一个生命共同体，是统一的自然系统，是相互依存、紧密联系的有机链条，因此，生态环境问题的解决不应诉诸某一个方面或某一个领域，而应从全局出发，将其视为一个庞大的系统来理性分析并共同发力。习近平总书记深刻指出："要从系统工程和全局角度寻求新的治理之道，不能再是头痛医头、脚痛医脚，各管一摊、相互掣肘，而必须统筹兼顾、整体施策、多措并举，全方位、全地域、全过程开展生态文明建设。"①坚持全方位、全地域、全过程开展生态文明建设，运用整体和系统的思维进行生态环境治理，既是对马克思主义关于唯物主义自然观和唯物辩证法的创造性运用，同时也是对中国传统哲学智慧注重整体的思维方式的创造性转化。由此可见，习近平总书记关于全方位、全地域、全过程开展生态文明建设的思想具有重大的世界观意义和方法论价值，要求我们秉持统筹兼顾、整体施策、多措并举的基本原则推进社会主义生态文明建设。

一、坚持统筹兼顾，全方位开展生态文明建设

针对我国生态环境治理中一度存在的"九龙治水"的弊端，要想彻底改变各个部门各自为政、各个方面相互掣肘、各个环节衔接不力的情况，推

---

① 习近平. 论坚持人与自然和谐共生[M]. 北京：中央文献出版社，2022：12.

动实现生态文明领域国家治理体系和治理能力现代化，必须将山水林田湖草沙冰作为一个生命共同体来看待，将生态环境治理作为一个系统工程来抓，坚持统筹兼顾，维护和加强生态文明构成要素的系统性和持续性，全方位开展生态文明建设。

首先，在顶层设计上，将生态文明建设纳入中国特色社会主义事业总体布局，并把生态文明建设放在突出地位，融入经济建设、政治建设、文化建设、社会建设的各方面和全过程。在马克思哲学中，人类社会是一个有机体，各有机体按照特定的方式组合起来，表现出一定的秩序，从而使社会形成一个具有内在统一性的整体。任何社会有机体要维系自身的存在，必须同周围的环境进行物质交换。无论是社会结构的哪一个方面，都丝毫不能离开自然界。自然界不仅提供了物质资料的生产，而且提供生活资料的生产。可以说，人靠自然界生活。因此，推进生态文明建设必须将生态文明的理念、原则和目标融入到经济生活、政治生活、文化生活、社会生活之中去，这样，才能维系社会有机体的正常运行和再生更新。党的十八大报告首次把"美丽中国"作为生态文明建设的宏伟目标，首次提出"大力推进生态文明建设"的国家发展战略，创造性地把生态文明建设纳入中国特色社会主义事业"五位一体"总体布局之中，将社会主义经济建设、政治建设、文化建设、社会建设、生态文明建设看做一个不可分割的有机整体。与此同时，党的十八大还审议通过了《中国共产党章程（修正案）》，将"中国共产党领导人民建设社会主义生态文明"写入党章，作为行动纲领。一个大国的执政党，将生态文明建设作为国家发展战略列入党纲，作为最高执政理念和历史使命，这是前所未有的，世界上除了中国之外，还没有任何一个国家可以完全做到。党的十八届三中全会和四中全会分别从制度和法治两个层面强调加快推进生态文明建设，十八届五中全会《关于加快推进生态文明建设的意见》和《生态文明体制改革总体方案》的出台，为中国共产党带领全国人民推进生态文明建设提供了长久部署和制度框架。党的十九大报告首次把"美丽中国"作为建设社会主义现代化强国的重要目标之一，并以明确的阶段性划分对我国未来几十年的生态文明建设作了长远规划，即在 2020 年之前"坚决打好污染防治的攻坚战"；从 2020 年到 2035 年，"生态环境根本好转，美丽中国目标基本实现"；从 2035 年到本世纪中叶使"生态文明将全面提升"的愿景变为现实。值得一提的是，十九大报告还提出了"统筹推进经济建设、政治建设、文化建设、社会建设、生态文明建设"①，"物质文明、政治文明、精神文明、社会文明、生态文明将全面提升"②等科学理念。2021 年 7 月 1 日，习近平总书记在庆祝中国共产党成立 100 周年大会上明确指出："推动物质文明、政治文明、精神文明、社会文明、生态文明协调发展。"③概而言之，全方位开展生态文明建设，就是要按照"五位一体"总体布局，推动物质文明、政治文明、精神文明、社会文明、生态文明的共同发展、全面发展、协调发展。

其次，在宏观政策上，要牢固树立系统观念，综合运用行政、市场、法治、科技等多种手段，着力提高环境治理水平，推进环境治理体系和治理能力现代化。习近平总书记明确指出："环境治理是系统工程，需要综合运用行政、市场、法治、科技等多种手段。"④在推进生态文明建设的过程中，除了加强党对生态文明建设的领导，坚决担负起生态文明建设的政治责任之外，在生态环境治理的相关科学决策及其执行落实上，政府作为行政机关的执法和监督环节也起着至关重要的作用。新组建的生态环境部整合了职能，坚持污染防治和生态保护两手抓，加强生态环境修复和生态环境保护的统一监管。各生态环境部门要履行好职责，做到"四个统一"，即统一政策规划标准制定，统一监测评估，统一监督执法，统一监察问责，同时整合组建生态环境保护综合执法队伍，按照减少层次、整合队伍、提高效率的原则，优化职能配置，统一实行生态环境保护执法。除了行政化手段外，市场化手段也是不可或缺的重要一环。"要充分运用市场化手段，推进生态环境保护市场化进程，撬动更多社会资本进入生态环境

---

① 习近平著作选读(第 2 卷)[M]. 北京：人民出版社，2023：23.
② 习近平著作选读(第 2 卷)[M]. 北京：人民出版社，2023：24.
③ 习近平著作选读(第 2 卷)[M]. 北京：人民出版社，2023：483.
④ 习近平. 论坚持人与自然和谐共生[M]. 北京：中央文献出版社，2022：20.

保护领域。要完善资源环境价格机制，将生态环境成本纳入经济运行成本。"①运用市场手段推动生态文明建设，旨在让市场在资源配置中起决定性作用，建立生态环境保护者受益、使用者付费、破坏者赔偿的利益导向机制，让生态环境治理成为企业成本的一部分，由此促进企业履行社会责任，自觉保护环境。② 在生态文明建设进程中，必须运用法治手段为其保驾护航。生态环境治理必须坚持有法可依、有法必依、执法必严、违法必究。但长期以来，环保执法过程中的过松过软现象一直为全社会所诟病，导致我国环境违法问题十分突出。有法不依、执法不严、环保执法难的问题长期存在，难以根除。因此，必须通过制定更加严苛的法律，大幅度提高违法成本，加大对环保违法的惩治力度，促使生态环境治理走向法治化轨道。此外，现代科学技术赋能生态文明建设已经成为提升生态环境治理现代化水平、全面推进美丽中国建设的关键所在。2023 年 7 月 17 日至 18日，习近平总书记在全国生态环境保护大会上强调："要加强科技支撑，推进绿色低碳科技自立自强，把应对气候变化、新污染物治理等作为国家基础研究和科技创新重点领域，狠抓关键核心技术攻关，实施生态环境科技创新重大行动，培养造就一支高水平生态环境科技人才队伍，深化人工智能等数字技术应用，构建美丽中国数字化治理体系，建设绿色智慧的数字生态文明。"③由此可见，建设绿色智慧的数字生态文明，可以为精准识别、实时追踪环境数据和及时研判、系统解决生态问题提供有力技术支撑，为促进经济社会发展全面绿色转型、建设人与自然和谐共生的现代化提供强劲动能。

　　最后，在治理实践上，在推进生态文明建设的过程中，要坚持重点突

---

　　① 习近平. 论坚持人与自然和谐共生[M]. 北京：中央文献出版社，2022：20.

　　② 汪信砚，周可，刘秉毅. 新时代马克思主义哲学中国化[M]. 北京：人民出版社，2024：172.

　　③ 全面推进美丽中国建设 加快推进人与自然和谐共生的现代化[N]. 人民日报，2023-07-19(1).

破和整体推进相结合，注重解决重大的生态环境问题，同时积极培育全体人民的生态文明意识，把建设美丽中国转化为全体人民的自觉行动。党的十八大以来，我国的生态环境状况随着治理力度的加大得到了较大的改善，但总体而言，我国生态文明建设水平仍滞后于经济社会发展，资源约束趋紧，环境污染严重，生态系统退化，发展与人口资源环境之间的矛盾日益突出，已成为经济社会可持续发展和人民生产生活的重大瓶颈，生态环境保护和修复任重而道远。习近平总书记明确指出："环境治理是一个系统工程，必须作为重大民生实事紧紧抓在手上。"①由此可见，推进生态环境治理，不仅是重大的经济工作，还是重大的民生实事。相对于经济增长速度高一点还是低一点，更受人民群众关注的问题主要有，雾霾污染、河湖污染、地下水污染、食品安全、垃圾焚烧，农村地区禽畜养殖废弃物问题，以及污水乱排、垃圾乱扔、秸秆乱烧的脏乱差现象。习近平总书记深刻指出："把生态文明建设放到更加突出的位置。这也是民意所在。人民群众不是对国内生产总值增长速度不满，而是对生态环境不好有更多不满……从老百姓满意不满意、答应不答应出发，生态环境非常重要；从改善民生的着力点看，也是这点最重要。"②他又说："如果只实现了增长目标，而解决好人民群众普遍关心的突出问题没有进展，即使到时候我们宣布全面建成了小康社会，人民群众也不会认同。"③因此，优先并着力解决生态环境问题，是推进生态文明建设的关键一步，还是全方位开展生态文明建设的重要一环。习近平总书记强调，解决重大的生态环境问题，"要坚持标本兼治、常抓不懈，从影响群众生活最突出的事情做起，既下大气力解决当前突出问题，又探索建立长久管用、能调动各方面积极性的体

---

① 中共中央文献研究室. 习近平关于社会主义生态文明建设论述摘编[M]. 北京：中央文献出版社，2017：51.

② 中共中央文献研究室. 习近平关于社会主义生态文明建设论述摘编[M]. 北京：中央文献出版社，2017：83.

③ 中共中央文献研究室. 习近平关于社会主义生态文明建设论述摘编[M]. 北京：中央文献出版社，2017：92.

制机制，改善环境质量，保护人民健康，让城乡环境更宜居、人民生活更美好"①。除了重点解决突出的重大生态环境之外，还需要培育弘扬深层次的生态文化，注重对公民生态意识的培育，践行绿色低碳的生活方式，建立多元参与的行动体系，形成意识和行动的双管齐下，形成人人参与、人人共享生态文明的良好社会氛围。

二、坚持整体施策，全地域开展生态文明建设

国土是生态文明建设的空间载体，生态文明建设总是在一定的空间中展开的，有其空间上的规定性。依据功能的不同，可以将国土空间划分为生产空间、生活空间和生态空间三个方面，即"三生空间"。中华人民共和国自成立以来，通过空间治理来优化生态文明建设空间布局成为我国生态文明建设的重要内容和任务。② 习近平总书记指出，从大的方面来统筹规划，必须搞好顶层设计，要"整体谋划国土空间开发，统筹人口分布、经济布局、国土利用、生态环境保护，科学布局生产空间、生活空间、生态空间，给自然留下更多修复空间，给农业留下更多良田，给子孙后代留下天蓝、地绿、水净的美好家园"③。同时，习近平总书记还对"三生空间"提出了总体要求，即"生产空间集约高效、生活空间宜居适度、生态空间山清水秀"④。具体而言，可以从城乡、区域、流域三个层面开展生态文明建设。

首先，协同推进城乡生态文明建设。建设美丽中国是推进社会主义生态文明的中国式语言表达，而建设美丽中国既包括建设人与自然和谐共生

---

① 中共中央文献研究室. 习近平关于社会主义生态文明建设论述摘编[M]. 北京：中央文献出版社，2017：83.

② 张云飞，任玲. 新中国生态文明建设的历程和经验研究[M]. 北京：人民出版社，2020：90.

③ 中共中央文献研究室. 习近平关于社会主义生态文明建设论述摘编[M]. 北京：中央文献出版社，2017：44.

④ 中共中央文献研究室. 习近平关于社会主义生态文明建设论述摘编[M]. 北京：中央文献出版社，2017：47.

的美丽城市，还包括打造绿色生态宜居的美丽乡村。美丽城市的建设是新时代文明城市创建的重要内容，生态振兴是乡村振兴的五大目标之一，无论是生态文明建设还是全面推进乡村振兴战略，都是事关人与自然和谐共生的中国式现代化、全面建设社会主义现代化强国的关键环节。在城市的规划和建设上，习近平总书记提出建设"海绵家园""海绵城市"①，要"建设自然积存、自然渗透、自然净化的'海绵城市'"②。针对很多城市缺水的问题，习近平总书记指出，缺水重要原因之一是水泥地太多，把能够涵养水源的林地、草地、湖泊、湿地给占用了，切断了自然的水循环。习近平总书记还强调，"要停止那些盲目改造自然的行为，不填埋河湖、湿地、水田，不用水泥裹死原生态河流，避免使城市变成一块密不透风的'水泥板'"③，并指出"山水林田湖是城市生命体的有机组成部分"，"城市建设要以自然为美，把好山好水好风光融入城市，使城市内部的水系、绿地同城市外围河湖、森林、耕地形成完整的生态网络"④。习近平总书记还指出，要合理规划好"建设空间"和"绿色空间"，主张"把城市放在大自然中"，"让城市融入大自然"，主张"依托现有山水脉络等独特风光"，"让居民望得见山、看得见水、记得住乡愁"⑤。针对新农村建设，习近平总书记提出要因地制宜，符合农村实际，"不能照搬照抄城镇建设那一套，搞得城市不像城市，农村不像农村"⑥，要"遵循乡村自身发展规律，充分体

---

① 中共中央文献研究室. 习近平关于社会主义生态文明建设论述摘编[M]. 北京：中央文献出版社，2017：57.

② 中共中央文献研究室. 习近平关于社会主义生态文明建设论述摘编[M]. 北京：中央文献出版社，2017：49.

③ 中共中央文献研究室. 习近平关于社会主义生态文明建设论述摘编[M]. 北京：中央文献出版社，2017：67.

④ 中共中央文献研究室. 习近平关于社会主义生态文明建设论述摘编[M]. 北京：中央文献出版社，2017：66-67.

⑤ 中共中央文献研究室. 习近平关于社会主义生态文明建设论述摘编[M]. 北京：中央文献出版社，2017：48-49.

⑥ 中共中央文献研究室. 习近平关于社会主义生态文明建设论述摘编[M]. 北京：中央文献出版社，2017：50.

现农村特点，注意乡土味道，保留乡村风貌，留得住青山绿水，记得住乡愁"①。他还指出，搞新农村建设，"决不是要把这些乡情美景都弄没了"，"要慎砍树、禁挖山、不填湖、少拆房"，"要让它们与现代生活融为一体"②。同时，习近平总书记还指出，城市与乡村之间也要做好统筹工作，"要统筹上下游、左右岸、地上地下、城市乡村，一些地区为了增产粮食，过度开发水资源，造成下游断流、地下水超采，斩断下游地区地下水的补充水源，形成地下漏斗、地面沉降。长此以往，必然导致耕地荒芜、城市塌陷"③。

其次，协同推进区域生态文明建设。加强区域生态环境保护是实施区域协调发展战略，促进不同区域经济社会发展的重要内容。协同推进区域生态文明建设，最有效的途径就是加快实施主体功能区战略，建立全国统一、责权清晰、科学高效的国土空间规划体系，统筹人口分布、经济布局、国土利用、生态环境保护等因素，整体谋划国土空间开发保护，从而实现国土空间开发保护更高质量、更可持续。所谓主体功能区是指基于不同区域的资源环境承载能力、现有开发密度和发展潜力等，将特定区域确定为特定主体功能定位类型的一种空间单元。2012年，党的十八大报告明确指出："加快实施主体功能区战略，推动各地区严格按照主体功能定位发展。"④2013年，习近平总书记在主持十八届中央政治局第六次集体学习时强调："要坚定不移加快实施主体功能区战略，严格按照优化开发、重点开发、限制开发、禁止开发的主体功能区定位，划定并严守生态红线，构建科学合理的城镇化推进格局、农业发展格局、生态安全格局，保障国

---

① 中共中央文献研究室. 习近平关于社会主义生态文明建设论述摘编［M］. 北京：中央文献出版社，2017：61.

② 中共中央文献研究室. 习近平关于社会主义生态文明建设论述摘编［M］. 北京：中央文献出版社，2017：51.

③ 中共中央文献研究室. 习近平关于社会主义生态文明建设论述摘编［M］. 北京：中央文献出版社，2017：56.

④ 中共中央文献研究室. 十八大以来重要文献选编（上）［M］. 北京：中央文献出版社，2014：31.

家和区域生态安全,提高生态服务功能。"①实施主体功能区战略和差别化的区域环境与发展政策,强化国土空间规划和用途管控,有助于形成各具特色、优势互补的发展格局。按照主体功能定位划分政策单元,对重点开发地区、生态脆弱地区、能源资源富集地区等制定差异化政策,分类精准施策。如,在农产品主产区,要加强农村人居环境整治及高标准农田建设,严守耕地红线和城镇开发边界,确保守得住粮食安全、留得住青山绿水。如,在重要生态功能区,要划定并严守生态红线,把发展重点放到保护生态环境、提供生态产品上,努力实现生态保护补偿全覆盖,确保补偿水平与经济社会发展状况相适应,确保国家和区域生态安全。以主体功能区为基础,党的十九大报告进一步指出:"构建国土空间开发保护制度,完善主体功能区配套政策,建立以国家公园为主体的自然保护地体系。"②这样,就开启了主体功能区建设的新篇章。党的二十大报告明确提出:"以国家重点生态功能区、生态保护红线、自然保护地等为重点,加快实施重要生态系统保护和修复重大工程。推进以国家公园为主体的自然保护地体系建设。"由此可见,从"加快实施主体功能区"到"严格实施环境功能规划",从"完善主体功能区配套政策"到"加快实施重要生态系统保护和修复重大工程",这对于提升山水林田湖草沙等生态系统的多样性、稳定性、持续性起到了重要的引领作用。

最后,协同推进流域生态文明建设。流域是人类文明的摇篮和中心,是人与自然共生的主体自然空间。在我国辽阔的国土上,有星罗棋布的大江大河,多样化流域承载着全国最广大的人口和经济。长期以来,我国经济社会发展所造成的流域资源和环境成本过大,导致流域资源破坏、流域污染严重、流域生态退化等问题。加快基于流域的生态文明建设,突破了行政区"一亩三分地"的思维定势,要求以全流域谋一域、以一域服务全流域,有助于从源头上扭转流域生态环境的恶化趋势。习近平总书记明确指

---

① 习近平谈治国理政[M]. 北京:外文出版社,2014:209.
② 习近平著作选读(第2卷)[M]. 北京:人民出版社,2023:43.

出，要"治理好水污染、保护好水环境，就需要全面统筹左右岸、上下游、陆上水上、地表地下、河流海洋、水生态水资源、污染防治与生态保护，达到系统治理的最佳效果"①。协同推进流域生态文明建设，关键是要立足各流域的特点，选择适合其发展的方向和路径。比如，鉴于长江在中华民族发展的重要支撑地位和长江经济带的流域经济特性，习近平总书记提出："推动长江经济带发展必须坚持生态优先、绿色发展的战略定位，这不仅是对自然规律的尊重，也是对经济规律、社会规律的尊重。"②长江经济带应以共抓大保护、不搞大开发为导向，走出一条生态优先、绿色发展的新路子。又如，黄河流域作为我国重要的生态安全屏障，也是人口活动和经济发展的重要区域，在国家发展大局和社会主义现代化建设全局中具有举足轻重的战略地位。对黄河流域，要共同抓好大保护，协同推进大治理，保障黄河长治久安，同时还要推动全流域高质量发展。在加强生态环境保护上，习近平总书记深刻指出："黄河生态系统是一个有机整体，要充分考虑上中下游的差异。上游要以三江源、祁连山、甘南黄河上游水源涵养区等为重点，推进实施一批重大生态保护修复和建设工程，提升水源涵养能力。中游要突出抓好水土保持和污染治理……下游的黄河三角洲是我国暖温带最完整的湿地生态系统。要做好保护工作，促进河流生态系统健康，提高生物多样性。"③在推动黄河流域的高质量发展上，习近平总书记指出："要从实际出发，宜水则水、宜山则山，宜粮则粮、宜农则农、宜工则工、宜商则商，积极探索富有地域特色的高质量发展新路子。"④总而言之，我们应通过开展黄河全流域的生态环境保护治理，同时在保护传承弘扬黄河文化、发展特色产业上积极探索，培养壮大新产业和新业态，推动生态价值和经济价值同步提升，让黄河真正成为惠民利民的生态河、

① 习近平. 论坚持人与自然和谐共生[M]. 北京：中央文献出版社，2022：12.
② 中共中央文献研究室. 习近平关于社会主义生态文明建设论述摘编[M]. 北京：中央文献出版社，2017：68.
③ 习近平. 论坚持人与自然和谐共生[M]. 北京：中央文献出版社，2022：242.
④ 习近平. 论坚持人与自然和谐共生[M]. 北京：中央文献出版社，2022：243.

幸福河。

三、坚持多措并举，全过程开展生态文明建设

生态文明建设具有空间上的规定性，它总是在一定的空间中展开的。这里的空间可以是不同区域、不同流域、不同海域，也可以是城市与乡村、地域与地域、陆地与海洋等。同时，生态文明建设还具有时间上的规定性，它总是在一定的时间中去展开的，并逐步表现为一个完善和向好的过程。

首先，要坚持源头严防。一是要坚持节约资源和保护环境的基本国策。坚持节约资源和保护环境的基本国策，有助于加快建设资源节约型、环境友好型社会，形成人与自然和谐发展的现代化建设新格局。习近平总书记深刻指出，我们要"站在人与自然和谐共生的高度来谋划经济社会发展，坚持节约资源和保护环境的基本国策，坚持节约优先、保护优先、自然恢复为主的方针，形成节约资源和保护环境的空间格局、产业结构、生产方式、生活方式，统筹污染治理、生态保护、应对气候变化，促进生态环境持续改善，努力建设人与自然和谐共生的现代化"①。节约资源和保护环境是我国的基本国策，是维护国家资源安全、推进生态文明建设、实现高质量发展的一项重大任务。这是推动经济社会发展的需要，是增进人民福祉的需要，也是为更好实现"山水林田湖草沙冰是生命共同体"系统治理做出的新贡献。二是健全自然资源资产产权制度。习近平总书记明确指出："我国生态环境保护中存在的一些突出问题，一定程度上与体制不健全有关，原因之一是全民所有自然资源资产的所有权人不到位，所有权人权益不落实。"②为此，按照所有者和管理者分开和一件事由一个部门管理的原则，应落实全民所有自然资源资产所有权，建立统一行使全民所有自然资源资产所有权人职责的体制。同时还需要同步完善自然资源监管体

① 习近平谈治国理政(第四卷)[M].北京：外文出版社，2022：362-363.

② 中共中央文献研究室.习近平关于社会主义生态文明建设论述摘编[M].北京：中央文献出版社，2017：102.

制，统一行使所有国土空间用途管制职责，确保国有自然资源资产所有权人和国家自然资源管理者相互独立、相互配合、相互监督。三是健全国家自然资源资产管理体制。习近平总书记深刻指出："健全国家自然资源资产管理体制是健全自然资源资产产权制度的一项重大改革，也是建立系统完备的生态文明制度体系的内在要求。"①我国传统的自然资源管理体制实施的是分割式管理，以资源开发利用管理为主，由国土、水利、农业、林业、海洋等部门独立管理，存在多头管理、交叉重叠、碎片化监管的问题，不利于自然资源的生态价值和社会价值保护，割断了自然资源和生态系统之间的有机联系。为了改变传统自然资源管理体制的弊端，2018 年 3 月，中华人民共和国第十三届全国人民代表大会第一次会议表决通过了关于国务院机构改革方案的决定，批准成立中华人民共和国自然资源部，将国土资源部的职责，国家发展和改革委员会的组织编制主体功能区规划职责，住房和城乡建设部的城乡规划管理职责，水利部的水资源调查和确权登记管理职责，农业部的草原资源调查和确权登记管理职责，国家林业局的森林、湿地等资源调查和确权登记管理职责，国家海洋局的职责，国家测绘地理信息局的职责整合，组建自然资源部，作为国务院组成部门。

其次，要坚持过程严管。习近平总书记明确指出，要"建立反映市场供求和资源稀缺程度、体现生态价值、代际补偿的资源有偿使用制度和生态补偿制度"②。其一是要建立健全资源有偿使用制度。长期以来，我国资源及其产品的价格总体上偏低，使用者所付费用太少，没有体现资源稀缺状况和开发中对生态环境的损害，为此，必须加快自然资源及其产品价格改革，全面反映市场供求、资源稀缺程度、生态环境损害成本和修复效益。资源有偿使用制度是生态文明制度体系的一项核心制度，对促进自然资源保护和合理利用、切实维护国家所有者和使用者权益、完善自然资源

---

① 中共中央文献研究室.习近平关于社会主义生态文明建设论述摘编[M].北京：中央文献出版社，2017：101.

② 中共中央文献研究室.习近平关于社会主义生态文明建设论述摘编[M].北京：中央文献出版社，2017：100.

产权制度和生态文明制度体系、加快建设美丽中国意义重大。2017 年 1 月，国务院印发《关于全民所有自然资源资产有偿使用制度改革的指导意见》，针对土地、水、矿产、森林、草原、海域海岛等 6 类国有自然资源不同特点和情况，分别提出了建立完善有偿使用制度的重点任务。一是完善国有土地资源有偿使用制度，以扩大范围、扩权赋能为主线，将有偿使用扩大到公共服务领域和国有农用地。二是完善水资源有偿使用制度，健全水资源费差别化征收标准和管理制度，严格水资源费征收管理，确保应收尽收。三是完善矿产资源有偿使用制度，完善矿业权有偿出让、矿业权有偿占有和矿产资源税费制度，健全矿业权分级分类出让制度。四是建立国有森林资源有偿使用制度，严格执行森林资源保护政策，规范国有森林资源有偿使用和流转，确定有偿使用的范围、期限、条件、程序和方式，通过租赁、特许经营等方式发展森林旅游。五是建立国有草原资源有偿使用制度，对已改制的国有单位涉及的国有草原和流转到农村集体经济组织以外的国有草原，探索实行有偿使用。六是完善海域海岛有偿使用制度，丰富海域使用权权能，设立无居民海岛使用权和完善其权利体系，并逐步扩大市场化出让范围。① 其二是要建立健全生态补偿制度。由于生态利益具有滞后性，如果没有强制的利益再分配，势必会产生"我花钱植树种草、他免费乘凉享受"的矛盾，让环境保护者吃亏。因此，为了平衡保护者与受益者之间的利益调配，遵循受益者付费、保护者得利的原则建立的生态补偿制度，有助于推动经济社会发展和生态环境保护二者的共赢。修订后新的《环境保护法》第 31 条明确提出，"国家建立、健全生态保护补偿制度"②。2016 年，国办印发《关于健全生态保护补偿机制的意见》，2021 年，中办、国办印发《关于深化生态保护补偿制度改革的意见》，从"补偿机制"到"补偿制度"的变化，反映生态领域政策已经从具体操作层面延伸到顶层设计的高度，推动着生态补偿进一步走向制度化体系化，2024 年，

① 国务院印发《关于全民所有自然资源资产有偿使用制度改革的指导意见》[N]. 人民日报，2017-01-17(3).

② 中华人民共和国环境保护法[N]. 人民日报，2014-07-25(8).

《生态保护补偿条例》正式公布，明确"生态保护补偿是指通过财政纵向补偿、地区间横向补偿、市场机制补偿等机制，对按照规定或者约定开展生态保护的单位和个人予以补偿的激励性制度安排"①，这标志着生态保护补偿机制进入了法治化的新阶段。

最后，要坚持后果严惩。习近平总书记明确指出，要"健全生态环境保护责任追究制度和环境损害赔偿制度，强化制度约束作用"②。这里有两个制度，指向的主体不同，其中生态环境保护责任追究制度是针对领导干部而言的，而环境损害赔偿制度是针对不符合环境标准和破坏生态环境的企业和个体而言的。一是要建立健全生态环境保护责任追究制度。实践证明，生态环境保护是否能落到实处，关键在于领导干部是否作为不作为。我国重大生态环境事件的背后，都与领导干部不负责任、不担当有关，都与一些地方环保意识不强、履职不到位、执行不严格有关，都与环保有关部门执法监督发挥不到位、强制力不够有关。建立生态环境损害责任终身追究制，就是要对那些不顾生态环境盲目决策、造成严重后果的领导干部，终身追究责任，不能把一个地方环境搞得一塌糊涂，然后拍拍屁股走人，官还照当，不负任何责任，必须追责到底，绝不能让制度规定成为没有牙齿的老虎。通过严肃追责问责，惩戒一批、警示一批、教育一批，形成生态环境保护的高压态势，使领导干部在生态红线面前树立底线思维，真正做到心中有法，心中有畏，行有所止。二是要建立健全环境损害赔偿制度。这是针对企业和个人违反法律法规、造成生态环境严重破坏而实行的制度。在国土空间开发和经济社会发展过程中不可避免地会产生无视生态环境相关法律法规、违反空间布局规划、违法排放污染物等破坏性的行为。但现行法律法规对其的处罚措施过轻，不足以达到警示环境污染主体不再出现类似的不当行为的目的，也无法弥补生态环境损害程度和治理成本，更难以弥补其对人民群众造成的长期的不良影响。习近平总书记明确

---

① 生态保护补偿条例[N]. 人民日报，2024-04-11(14).

② 中共中央文献研究室. 习近平关于社会主义生态文明建设论述摘编[M]. 北京：中央文献出版社，2017：100.

指出："政府要强化环保、安全等标准的硬约束，对不符合环境标准的企业，要严格执法，该关停的要坚决关停。国有企业要带头保护环境、承担社会责任。要抓紧修订相关法律法规，提高相关标准，加大执法力度，对破坏生态环境的要严惩重罚。要大幅提高违法违规成本，对造成严重后果的要依法追究责任。"①由此可见，除了行政机关严格执法，加大执法力度之外，还必须通过严惩重罚，提高违法成本，让违法者掏出真金白银，才能真正使其不敢违法违规，通过制度约束敦促企业保护生态环境，履行相应的社会责任。

---

① 中共中央文献研究室. 习近平关于社会主义生态文明建设论述摘编［M］. 北京：中央文献出版社，2017：103.

第五章 严密法治观：用最严格制度最严密法治保护生态环境

　　建设社会主义生态文明，不仅要坚持绿色发展理念，推进生态环境的系统治理，而且要致力于生态文明的体制机制改革，建立和完善保护环境和生态安全的法律、制度、政策。生态文明的体制机制改革，涉及对新变革所带来的社会经济关系变化的重新认识，也涉及对符合生态文明内涵的社会秩序、经济秩序、生态环境保护秩序的建立和维护。建设社会主义生态文明，不可能在短期内顺利实现，更需要制度和法治作为保障，制度和法治也必然成为推进生态文明建设的有效途径。2013 年 5 月，习近平总书记在主持十八届中央政治局第六次集体学习时指出："保护生态环境必须依靠制度、依靠法治。只有实行最严格的制度、最严密的法治，才能为生态文明建设提供可靠保障。"①2023 年 7 月，习近平总书记在全国生态环境保护大会深刻指出，总结新时代十年的实践经验，分析当前面临的新情况新问题，继续推进生态文明建设，必须正确处理五个重大关系，其中第四个关系即"外部约束和内生动力的关系"，"要始终坚持用最严格制度最严密法治保护生态环境，保持常态化外部压力，同时要激发起全社会共同呵

---

　　① 中共中央文献研究室. 习近平关于社会主义生态文明建设论述摘编［M］. 北京：中央文献出版社，2017：99.

护生态环境的内生动力"①。以制度和法治作为保障，这就抓住了生态文明建设的"牛鼻子"，促进生态文明建设走上制度化和法制化轨道。

第一节　保护生态环境必须依靠制度，依靠法治

建设社会主义生态文明，是一场涉及生产方式、生活方式、思维方式和价值观念的革命性变革。变革欲想成功，必须依靠制度和法治。要把制度和法治作为推进生态文明建设的重中之重，加快生态文明体制改革，着力破解制约生态文明建设的体制机制障碍。习近平总书记深刻指出："我国生态环境保护中存在的突出问题大多同体制不健全、制度不严格、法治不严密、执行不到位、惩处不得力有关。"②由此可见，建设社会主义生态文明，实现美丽中国的生态梦，归根到底要靠制度和法治来保驾护航。

一、加快生态文明制度建设是马克思主义国家职能理论的题中之义

马克思主义基本原理认为，国家本质上是一个政治范畴和阶级概念，是阶级统治的工具，是一个阶级镇压另一个阶级的暴力机关。尽管国家也管理一些公共事务，控制一定的社会秩序，但其目的服从于统治阶级的根本利益。同时，马克思主义认为，作为政治上层建筑的重要组成部分的国家，其职能一般分为对内和对外两类，即对外的政治统治职能和对内的社会管理职能，而且，国家的内外职能密切相关，对外职能是对内职能的继续和延伸，对内职能是对外职能的基础和后盾，二者都是国家阶级本质的体现。一般而言，在阶级社会中，国家的政治统治职能居于主导地位，社会管理职能居于附属地位。随着无产阶级专政的建立和完善，人民群众成

---

① 全面推进美丽中国建设 加快推进人与自然和谐共生的现代化[N].人民日报，2023-07-19(1).

② 习近平.坚持人与自然和谐共生[M].北京：中央文献出版社，2022：13.

为国家和社会的主人，国家的政治职能将逐步消失，社会管理职能将成为全社会的公共职能。例如，恩格斯的《共产主义原理》一文，在论及建立无产阶级的政治统治和民主的国家制度最主要的措施时，就提到"在国有土地上建筑大厦，作为公民公社的公共住宅。公民公社将从事工业生产和农业生产，将把城市和农村生活方式的优点结合起来"，"拆毁一切不合卫生条件的、建筑得很坏的住宅和市区"，"把全部运输业集中在国家手里"①。马克思在《哥达纲领批判》一文中，针对拉萨尔"不折不扣的劳动所得"的谬论，根据社会再生产的一般规律，论证了把社会总产品分配给个人之前，必须进行的各项扣除。从生产资料方面来看，除了"用来补偿消耗掉的生产资料的部分"和"用来扩大生产的追加部分"外，还应当扣除"用来应付不幸事故、自然灾害等的后备基金或保险基金"。从消费资料方面来看，在对作为生产扣除之后的产品进行个人分配之前，还须进行三项扣除。除了"同生产没有直接关系的一般管理费用"和"用来满足共同需要的部分，如学校、保健设施等"外，还应当扣除用来发展社会保险、社会救济、社会慈善的费用。这样，"不折不扣的劳动所得"就变成"有折有扣"②了，从一个处于私人地位的生产者身上扣除的一切，又会直接或间接用来为处于社会成员地位的这个生产者谋利益。马克思还进一步指出，在一个集体的、以生产资料公有为基础的社会中，生产者不交换自己的产品，因为个人的劳动直接作为总劳动的组成部分而存在。

　　同样，由于"良好生态环境是最公平的公共产品，是最普惠的民生福祉"，可见，生态环境具有明显的公共属性。相应地，生态环境治理关系到社会公共利益。对于无产阶级政党的优势，马克思、恩格斯指出："在实践方面，共产党人是各国工人政党中最坚决的、始终起推动作用的部分；在理论方面，他们胜过其余无产阶级群众的地方在于他们了解无产阶级运动的条件、进程和一般结果。"③习近平总书记也明确指出："国家治

①　马克思恩格斯文集(第1卷)[M].北京：人民出版社，2009：686.
②　马克思恩格斯文集(第3卷)[M].北京：人民出版社，2009：432-433.
③　马克思恩格斯文集(第2卷)[M].北京：人民出版社，2009：44.

理体系和治理能力是一个国家制度和制度执行能力的集中体现。国家治理体系是在党领导下管理国家的制度体系，包括经济、政治、文化、社会、生态文明和党的建设等各领域体制机制、法律法规安排，也就是一整套紧密相连、相互协调的国家制度；国家治理能力则是运用国家制度管理社会各方面事务的能力，包括改革发展稳定、内政外交国防、治党治国治军等各个方面。"①因此，推动生态文明领域的国家治理体系和治理能力的现代化是推动国家治理体系和治理能力的现代化的重要内容之一，也是实现人与自然和谐共生的重要路径，这是坚持用最严格制度最严密法治保护生态环境的科学的理论依据。生态文明建设需要树立正确的生态价值观和生态法治理念，而推动生态文明建设进程，必须以最严格制度最严密法治作为重要抓手，促进和推动生态文化体系、生态经济体系、目标责任体系、生态文明制度体系和生态安全体系建设，以构建起完整的生态文明体系。同时还要不断完善与生态文明相关的法律制度，保证生态文明法律法规的有效实施，对破坏生态环境的违法犯罪行为依法严惩，提高政府的公信力和社会公众的生态法律意识，引导和督促全社会共同参与生态环境治理。一言以蔽之，人与自然和谐共生需要良法规范引领，绿水青山需要严密法治保护，绿色发展需要严格制度保障，探索大国生态环境治理新路更需要制度和法治的顶层设计。

二、加快生态文明制度建设是破解社会主要矛盾的客观需要

习近平总书记在党的十九大报告中深刻揭示了中国特色社会主义进入新时代我国社会主要矛盾的新变化，即人民日益增长的美好生活需要和不平衡不充分的发展之间的矛盾。一方面，伴随着社会生产力的发展和人民生活水平的提高，人民对美好生活的需求在不断提升，希望天更蓝，水更清，地更绿，生态更优美。另一方面，我国虽然幅员辽阔，地大物博，但人口众多，人均资源占有量极少，生态环境承载能力非常脆弱，发展不平衡不充分的矛

---

① 习近平谈治国理政[M]. 北京：外文出版社，2014：91.

盾仍然非常突出。经过改革开放 40 多年的快速发展，许多资源基本消耗殆尽，粗放型的发展方式已经难以为继，这就是我国的基本国情。一般而言，在一定的时空范围内，人们所面对的自然的性质和范围是极其有限的。不仅如此，地球的承载能力、涵养能力和自我净化的能力也是有限的，存在着生态阈值和环境阈值，构成了对人类行为和社会行为的限制和制约，这是客观存在且不可抗拒的自然规律。习近平总书记曾引用唐代诗人白居易的话来说明法制在化解自然资源的有限性与人类欲望的无限性之间矛盾的重要性："天育物有时，地生财有限，而人之欲无极。以有时有限奉无极之欲，而法制不生其间，则必物暴殄而财乏用矣。"①由此可见，人类在追求自身发展的同时，在与自然界进行互动过程中，势必突破生态环境底线和生态环境红线，人类应时刻谨记，在利用自然和开发自然时，要有底线思维和红线思维，要坚持用最严格制度和最严密法治保护生态环境，切不可越雷池半步。

人们以制度和法治促进生态文明建设符合生态文明的本质特征。生态文明是新的历史时期提出的新理念，是多样性与整体性价值的统一，是人类在改造自然从而造福自身的过程中为了实现人与自然的和谐相处所作的全部努力和所取得的全部成果，是一项长期性、复杂性和艰巨性的系统工程。自然资源以及生态环境属于公共产品，而使用自然资源和生态环境则分属于不同的利益集团或者个人，这就极易引发公共利益与个人利益或者集团利益之间的矛盾。同时，由于我国大部分自然资源和生态环境是免费或者费用较少，极易造成"谁先占有谁先受益，谁占有越多谁受益越多"的竞争局面，也极易造成"公地悲剧"现象的发生。从法律上来讲，人们对自然资源的开发利用行为失当可能会破坏生态系统的动态平衡，进而影响自然资源产品和生态服务功能的有效供给，并可能带来两种利益损失：一是民法上物权主体的财产损失，二是不特定多数人因生态服务功能下降而可能遭受的物质性或财产性的利益损失。两者均可因承受私人利益损害而享

---

① 中共中央文献研究室. 习近平关于社会主义生态文明建设论述摘编[M]. 北京：中央文献出版社，2017：118.

有物权请求权或侵权请求权，要求污染环境或破坏生态者承担民事责任。一旦所有权圆满状态得以实现，不仅有利于恢复或改善生态服务功能，也有助于对自然资源享有开发利用权的特定人的利益实现，还可以促使已经遭受损害的主体不再承受物质性或精神性损失的影响。而依靠制度和法治推进社生态文明建设的治理模式是在充分尊重和保障个体多元利益基础上的社会共治。制度和法治可以在保障每个成员的个体性和自由意志的前提下，使得社会共同体具有共同的价值共识或者基本的社会共识和价值共识。因此，通过制度和法治来促进生态文明的建设既可以保障社会成员的整体利益，在形成全社会生态保护的共识下实现生态文明的建设目标。同时，完善生态环境制度和法治建设也是我国制度建设和法治建设的重要内容之一，直接影响我国生态环境保护工作的成效。因此，推动绿色发展、建设生态文明，重在建章立制，要有持续性的制度安排，深化生态文明体制改革，用最严格制度最严密法治保护生态环境，把生态文明建设纳入制度化法治化轨道。

三、加快生态文明制度建设是推进中国式现代化的迫切要求

加快制度和法治建设是实现现代化国家的迫切要求。习近平总书记在党的十九大报告中指出："我们要建设的现代化是人与自然和谐共生的现代化"①，从而拓展了现代化强国的生态维度。在党的二十大报告中他又深刻阐述了"中国式现代化"的五大基本特征，阐明了"中国式现代化是人与自然和谐共生的现代化"②，明确提出我们党的根本任务就是团结带领全国各族人民全面建成社会主义现代化强国，实现第二个百年奋斗目标，以中国式现代化全面推进中华民族伟大复兴。应当看到，生态文明建设不仅仅是保护环境和节约资源的客观要求，也不仅仅是着眼于改善现实生态环境的权宜之计，从更深层次而言，生态文明建设关系到中华民族永

---

① 习近平著作选读(第2卷)[M]．北京：人民出版社，2023：41．
② 习近平著作选读(第1卷)[M]．北京：人民出版社，2023：19．

续发展的千年大计、根本大计。因此，必须遵循敬畏自然、尊重自然、顺应自然、保护自然这一全面建设社会主义现代化国家的内在要求，必须牢固树立和践行绿水青山就是金山银山的根本理念，以人与自然和谐共生谋划高质量发展，为全面建设社会主义现代化强国奠定生态基础，为实现中华民族伟大复兴贡献生态力量。

改革开放以来，随着经济社会持续发展和思想认识不断深化，中国特色社会主义从物质文明、精神文明"两个文明"，到经济、政治、文化建设"三位一体"，到经济、政治、文化、社会建设"四位一体"，再到党的十八大把生态文明建设纳入"五位一体"总体布局中，"五位一体"总体布局是一个相互联系、相互促进、不可分割的有机整体，致力于全面提升我国物质文明、政治文明、精神文明、社会文明、生态文明建设水平，把我国建成富强民主文明和谐美丽的社会主义现代化强国。在"五位一体"中，生态文明建设是基础，经济建设是根本，政治建设是保障，文化建设是灵魂，社会建设是条件。生态文明建设是经济建设、政治建设、文化建设和社会建设的前提条件。绿水青山就是金山银山，保护生态环境就是保护生产力，改善生态环境就是发展生产力。缺少生态文明建设的基础，其他各项建设都会受到较大影响。追求人与自然和谐共生充分体现了社会主义现代化建设的内在要求，高度契合了新时代高质量发展的总体目标。要达到现代化的人与自然和谐统一，需要有序推进法治建设。法治建设是生态环境治理的托底保障，是环境治理公信力的直接体现，关系到人民群众拥有美好生活环境的切身权益。良好的生态环境和人居环境是人民美好生活的基础和前提，生态现代化更是中国式现代化目标的重要内容，缺少生态的现代化，中国式现代化也是不完整不全面的。习近平总书记深刻指出："我们要建设的现代化是人与自然和谐共生的现代化，既要创造更多物质财富和精神财富以满足人民日益增长的美好生活需要，也要提供更多优质生态产品以满足人民日益增长的优美生态环境需要。"①无论是从中华民族永续发

---

① 习近平著作选读(第2卷)[M]. 北京：人民出版社，2023：41.

展的千年大计的视角，还是当前生态环境不断恶化的客观现实的视角，抑或回应人民群众对生态环境的美好期待的视角，我们都必须站在更高的层面去解决经济社会发展与生态环境治理之间绕不开的两难矛盾，探索更为有力且有效的制度性的解决方案。生态环境保护的常态化需要充分发挥制度和法治在生态环境治理领域的监督与保障功能。生态环境保护的常态化是国家生态环境法治建设现状的检验指标，代表着国家环境治理制度的转化程度，为此，必须坚决摒弃传统的那种对自然资源的恣意妄为和滥用攫取的扭曲价值观，把生态文明制度和法治建设摆在更加突出的地位，必须深化生态文明体制改革，形成节约资源和保护环境的空间格局、产业结构、生产方式、生活方式，尽快把生态文明制度的"四梁八柱"建立起来，把生态文明建设纳入制度化、法治化轨道，同时完善生态环境法治改革，提升生态环境法治效能。

四、加快生态文明制度建设是全面推进依法治国的有力举措

全面依法治国是我们党治国理政的基本方式，也是我国社会主义现代化进程中必须坚持的基本方针。全面依法治国是适应中国特色社会主义建设事业发展需求的重大战略举措，构成了新时代法治社会建设的美好图景。全面依法治国覆盖范围广泛，与生态文明制度和生态法治建设之间是整体与局部、包含与被包含的关系。生态文明制度和法治建设是生态文明建设的重要环节，不仅有利于缓解当下的生态环境危机，而且有利于促进我国经济社会的可持续发展。加快生态环境制度和法治建设也是当前全面依法治国的现实需要和关键环节，是通过制度和法治手段调节人、自然与社会之间关系的必然过程。生态文明建设表层上看涉及人与自然的关系，深层次来讲，折射的是人与人之间的社会关系，这即是说，生态环境问题表面上反映的是人与自然之间的冲突，实质上反映的是人与人之间的冲突。而有效解决人与自然之间的矛盾，有序调节人与人之间的社会关系，有力保障我国生态文明的建设实效，加强制度和法治建设无疑是其中强有力的重要抓手。正如习近平总书记所说的那样："只有实行最严格的制度、

最严明的法治，才能为生态文明建设提供可靠保障。"①因此，建设社会主义生态文明需要制度和法治作为重要支撑，而全面推进依法治国能够为国家生态环境治理体系和治理能力现代化提供有力的制度保障。

生态文明制度和法治不仅规范着人们的生活方式和行为方式，而且是协调人与人之间关系的基本准则。法治因其具有权威性、稳定性、规范性和民主性等特性，使人们的行为可以相互预测，以便更好地进行组织和管理，对于推动社会的进步具有举足轻重的作用。将法治思想贯穿到生态文明建设的全过程，是完善生态环境制度的必然选择，同时也是推进生态文明建设的有效利器。其一，法治具有权威性。法律以国家强制力作为后盾，并以相应的法律强制措施为保障，一旦有破坏生态保护的违法行为发生，无论主体是谁都必须受到法律的严惩。依靠法治可以在全社会形成威慑、强制效应，彻底消除那些以牺牲环境为代价追求经济发展的错误想法，使全社会自觉形成生态保护的意识，践行生态保护的行为。其二，法治具有稳定性。法治使政策法律化、制度化，保障各方面政策更加成熟更加定型。生态文明建设是一个长期的历史过程和长远的发展目标，需要几代人甚至几十代人的努力，而法治的稳定性可以有效地防止政策、制度的变动，为生态文明建设提供长效的制度支撑。其三，法治具有规范性。法治代表理性，不以个人意志和个别特权为转移，将时间证明的成果经验上升为相应的规则和制度，通过规范性法律的形成产生全民遵守的行为和效力，并培育公民形成科学的生态文明理念和生态文明价值观。其四，法治具有民主性。在立法中充分尊重和广泛听取群众等多方面多角度的意见和建议，有利于实现立法的公平正义，能够进一步实现权利的机会平等，调动公民对于生态文明建设的主动性和积极性，促进生态环境立法的质量得到有效的保障。概而言之，以制度和法治规范生态环境治理理念、决策与行为，能够有效地将生态文明理念落实到具体实践中去，是推进生态环境治理体系和治理能力现代化的根本保证。

---

① 习近平. 坚持人与自然和谐共生[M]. 北京：中央文献出版社，2022：44.

第二节　重视制度供给，建立健全生态文明制度体系

生态文明制度体系是否建立健全关系着生态文明建设事业的成败。健全的生态文明制度体系及其功效的有力展示能够使生态文明建设事半功倍，而不完备不健全的制度体系及其功效的展示不力，则会使生态文明建设事倍功半。当前中国在推进社会主义生态文明建设的过程中，制度建设也是不可或缺的重要一环。尽管我国生态环境问题的产生是众多主客观因素的合力所致的，但生态文明制度的不系统不完备及其在执行过程中的不得力无疑是其根本原因。推进生态文明建设，建设美丽中国，关键是要充分发挥社会主义的制度优势，加强党对生态文明建设的全面领导，坚持制度自信，建立系统完备的生态文明制度体系为其保驾护航。所谓生态文明制度，就是指由国家立法机关或行政机关制定或形成的一切有利于支持、推动和保障生态文明建设的各种引导性、操作性和约束性规范和准则的总和，其规范形式主要有正式制度（原则、法律、法规、规章、条例等）和非正式制度（伦理、道德、习俗、惯例等）。相应地，生态文明制度体系的建设主要从正式制度设计和非正式制度设计着手。在正式制度建设方面，主要在于完善生态文明政绩考核和责任追究制度、资源环境管理制度、资源有偿使用和生态补偿制度等，在非正式制度层面，主要在于建立健全生态文明公众参与制度等。

一、完善生态文明绩效评价考核和责任追究制度

生态文明绩效评价考核和责任追究制度是生态文明制度体系建设中的重要组成部分。2015 年 9 月，中共中央、国务院印发的《生态文明体制改革总体方案》，第九条明确要求"完善生态文明绩效评价考核和责任追究制度"。在习近平总书记看来，生态文明建设的实际成效如何，领导干部是否真正作为起着举足轻重的作用。"实践证明，生态环境保护能否落到实处，关键在领导干部。一些重大生态环境事件背后，都有领导干部不负责

任、不作为的问题，都有一些地方环保意识不强、履职不到位、执行不严格的问题，都有环保有关部门执法监督作用发挥不到位、强制力不够的问题。"①因此，必须改革创新生态文明考核评价体系，以及建立完善领导干部生态环境责任追究制度。

一是要建立健全生态文明绩效评价考核制度。生态文明绩效评价考核制度的改革是促进发展观念变革的重要抓手，并推动着生态文明建设向着更加可持续性的方向发展。生态环境领域出现的种种问题，究其本质而言，正是由于传统发展观和粗放型的发展模式所导致的。改革开放以来，党和国家先后提出了"以经济建设为中心""发展是硬道理"等好的论断和提法，却在各地方的认识理解和具体运行中变形走样，把经济发展等同于经济增长，把"发展是硬道理"曲解为"增长是硬道理""发展经济是硬道理"，把"以经济建设为中心"曲解为"以 GDP 为中心""以项目为中心"。不仅如此，对地方领导干部的考核评价机制也不科学不健全，片面强调地方 GDP 增长和排名在干部政绩评价中的考核分量，致使许多干部产生了"唯 GDP 论"的错误观念和片面行为。为了达成 GDP 增长的政绩目标，一些地方在企业投资和项目建设上，只关注经济增长，一切向"钱"看，甚至上马一些污染项目，区域开发严重不合理，造成对自然资源的掠夺式开发和生态环境的极大破坏，严重影响人民群众赖以生存的人居环境和经济社会的可持续发展。因此，必须改变唯经济增长论英雄、不注重发展质量、不注意改善民生的急功近利的观念，建立健全绿色 GDP 政绩考核评价制度，在经济社会发展综合评价体系中增添资源消耗、环境损害、生态效益等体现生态文明建设状况的指标，同时增加考核权重，弱化和淡化 GDP 考核，把绿色 GDP 纳入考核体系。为了从根本上扭转"唯 GDP 论"带来的破坏性局面，习近平总书记主张要更新观念，强调要用好生态文明绩效考核评价制度这一重要抓手，"最重要的是要完善经济社会发展考核评价体系，把资源消

---

① 中共中央文献研究室. 习近平关于社会主义生态文明建设论述摘编［M］. 北京：中央文献出版社，2017：110.

耗、环境损害、生态效益等体现生态文明建设状况的指标纳入经济社会发展评价体系，建立体现生态文明要求的目标体系、考核办法、奖惩机制，使之成为推进生态文明建设的重要导向和约束"①。同时，《生态文明体制改革总体方案》也明确指出要建立生态文明目标体系，研究制定可操作、可视化的绿色发展指标体系，制定生态文明建设目标评价考核办法，把资源消耗、环境损害、生态效益纳入经济社会发展评价体系，并根据不同区域主体功能定位，实行差异化绩效评价考核机制。

二是建立完善领导干部生态环境责任追究制度。建立党政领导干部生态环境保护问责制，是我国生态文明建设的重要制度。制度建设具有根本性、长期性、稳定性和全局性等诸多特性，责任追究则是确保制度真正落地的根本保障。制度的神圣性、权威性和规范性，究其实质而言，就来源于这种追责问责，这是制度具有警示力和威慑力的根源所在。通过建立和完善领导干部生态环境责任追究制度，能够促使各级领导干部在生态文明建设的具体实践和相关决策中，慎用党和人民赋予的权力，明晰其在生态环境保护中的使命担当，并且推动各主体履责尽责，这是推动我国生态环境取得实质性成效的关键因素。习近平总书记深刻指出："对那些不顾生态环境盲目决策、造成严重后果的人，必须追究其责任，而且应该终身追究。真抓就要这样抓，否则就会流于形式。不能把一个地方环境搞得一塌糊涂，然后拍拍屁股走人，官还照当，不负任何责任。组织部门、综合经济部门、统计部门、监察部门等都要把这个事情落实好。"②在习近平总书记看来，要重点抓好领导干部的责任追究制度，不仅强调"必须追究责任"，而且强调要"终身追究"，由此可见他对生态环境治理的高度重视和坚强决心。《生态文明体制改革总体方案》明确提出："建立生态环境损害责任终身追究制。实行地方党委和政府领导成员生态文明建设一岗双责

---

① 中共中央文献研究室. 习近平关于社会主义生态文明建设论述摘编［M］. 北京：中央文献出版社，2017：99.
② 中共中央文献研究室. 习近平关于社会主义生态文明建设论述摘编［M］. 北京：中央文献出版社，2017：100.

制。以自然资源资产离任审计结果和生态环境损害情况为依据，明确对地方党委和政府领导班子主要负责人、有关领导人员、部门负责人的追责情形和认定程序。区分情节轻重，对造成生态环境损害的，予以诫勉、责令公开道歉、组织处理或党纪政纪处分，对构成犯罪的依法追究刑事责任。对领导干部离任后出现重大生态环境损害并认定其需要承担责任的，实行终身追责。"2015 年 8 月，中共中央办公厅、国务院办公厅印发了《党政领导干部生态环境损害责任追究办法（试行）》，规定了党政同责、精准追责、终身追责和双重追责等四个方面的内容，首次对追究党政领导干部生态环境损害责任做出了制度性的安排，强化了党政领导干部生态环境和资源保护的神圣职责。2023 年 12 月 27 日，《中共中央国务院关于全面推进美丽中国建设的意见》明确指出："深入推进领导干部自然资源资产离任审计，对不顾生态环境盲目决策、造成严重后果的，依规依纪依法严格问责、终身追责。"值得一提的是，在生态环境责任追究制度方面，习近平总书记不仅明确规定了对破坏生态环境或生态环境保护不力的"犯错"的责任追究，而且明确规定了对破坏生态环境或生态环境保护不作为的"怠政"的责任追究。概而言之，生态环境责任追究制度有利于增强各级领导干部保护生态环境、发展生态环境的使命和担当，必将开启生态文明建设的新篇章，为生态文明事业的可持续发展提供坚实保障。

二、建立健全资源生态环境管理制度

建立健全资源生态环境管理制度，其主要内容有国土开发与保护制度、严格的耕地保护制度和水资源管理制度，尤其是要坚定不移地实施主体功能区规划。国土空间规划是国家空间发展的指南、可持续发展的空间蓝图，是各类开发保护建设活动的基本依据。国土过度开发必然超越其生态承载力，导致生态恶化。因此，必须珍惜宝贵的国土资源，从全国一盘棋的战略高度对国土资源进行统筹规划，安排好生态空间、工农业空间和城市空间的格局。

我国是一个拥有 14 亿多人口的大国，人口多不仅体现在总量规模上，还突出体现在城乡人口、流动人口和老龄人口规模上，庞大的人口总量需要充足的自然资源来满足饮食、住房、出行等基本生存诉求。但是我国人多地少，人均自然资源占有量小，且各类自然资源所占的比例不合理，主要表现在耕地、林地少，难利用的土地多，后备土地严重不足，特别是人与地的矛盾非常严峻。这就是说，中国"人多地少"的基本国情难以改变，国土空间严峻的现状已经成为制约我国经济社会发展的重大瓶颈。中国占世界7%的土地和9%的耕地，却承载和养活着世界约20%的人口，未来仍然需要在资源环境承载力的约束前提下合理优化农业用地、城镇用地和生态用地布局，更为集约和高效地发挥各类用地生产、生活和生态功能。如何在有限的国土空间中进行合理布局，承载14亿多人口的生存发展需要和经济社会的可持续发展需要，同时又能使我国生态脆弱和环境破坏严重的地区得以修复和保护，这是一个值得去研究并有待突破的重要课题。

2015年9月，《生态文明体制改革总体方案》明确提出，构建以空间规划为基础、以用途管制为主要手段的国土空间开发保护制度和以空间治理和空间结构优化为主要内容的空间规划体系。同年，《中共中央关于制定国民经济和社会发展第十三个五年规划的建议》在强调以主体功能区为基础推进"多规合一"的同时，还明确提出"空间治理体系"的概念，要求要"建立由空间规划、用途管制、领导干部自然资源资产离任审计、差异化绩效考核等构成的空间治理体系"，其中空间规划成为空间治理体系的龙头。2017年10月，习近平总书记在党的十九大报告中再次重申要"构建国土空间开发保护制度"。

2018年，《中共中央关于深化党和国家机构改革的决定》《深化党和国家机构改革方案》《国务院机构改革方案》等相继出台，提出组建自然资源部，统一行使全民所有自然资源资产管理职责和所有国土空间用途管制和生态保护修复职责，治理全民所有自然资源资产的所有权不到位、所有权人权益不落实、空间规划重叠等问题。2019年，《中共中央 国务院关于建立国土空间规划体系并监督实施的若干意见》明确指出，"将主体功能区规划、土地利用规划、城乡规划等空间规划融合为统一的国土空间规划"，并确立国土空间规划的"四梁八柱"基本框架，进一步完善了国土空间治理的系列工具，分别针对 2025 年、2035 年提出形成以国土空间规划为基础和以统一用途管制为手段的国土空间开发保护制度、全面提升国土空间治理体系和治理能力现代化水平的目标。至此，"空间规划体系"的提法正式转变为"国土空间规划体系"，而"国土空间治理体系"也正式取代了"空间治理体系"的旧称谓。2020 年，《中共中央关于制定国民经济和社会发展第十四个五年规划和二〇三五年远景目标的建议》，进一步提出构建国土空间开发保护新格局，逐步形成城市化地区、农产品主产区、生态功能区三大空间格局，形成主体功能明显、优势互补、高质量发展的国土空间开发保护新格局。

三、建立健全资源有偿使用和生态补偿制度

2013 年 11 月，党的十八届三中全会审议通过了《中共中央关于全面深化改革的若干重大问题的决定》，第十四条"加快生态文明制度建设"指出，建设生态文明，必须建立系统完整的生态文明制度体系，实行最严格的源头保护制度、损害赔偿制度、责任追究制度，完善环境治理和生态修复制度，用制度保护生态环境，包括健全自然资源资产产权制度和用途管制制度、划定生态保护红线、实行资源有偿使用制度和生态补偿制度、改革生态环境保护管理体制等。至此，建立健全资源有偿使用和生态环境补偿制度，就上升为全党的集中统一意志，这无疑能为美丽中国建设提供强大的制度支持。

一是建立健全资源有偿使用制度。自然资源有偿使用制度是指国家以自然资源所有者和管理者的双重身份，为实现所有者权益，保障自然资源的可持续利用，向开发和使用自然资源的单位和个人收取一定的自然资源使用费用的制度安排。自然资源资产有偿使用体现了宪法和法律框架下资源所有权和使用权相分离的权利安排。从所有权角度来看，我国绝大多数自然资源所有权属于全民所有或国有，所有权管理者具体会落实到政府相关部门和地方政府。从使用权角度来看，国有企业掌握着较多的各类自然资源，同时农民对部分土地资源和森林资源等拥有使用权。从理论上而

言，自然资源是有价值的，自然资源使用者在开发利用自然资源时必须支付一定的费用，这是天经地义的事情。建立健全资源有偿使用制度，不但有利于自然资源的合理开发和利用保护，而且也有利于自然资源产业的健康发展。但我国人多地少，自然资源十分有限，具有明显的稀缺性特征，这样一来，合理利用和开发保护自然资源就成为经济社会发展中必须加以重视的核心问题。我国资源及其产品的价格总体上偏低，所付费用太少，没有体现资源稀缺状况和开发中对生态环境的损害，必须加快自然资源及其产品价格改革，以全面反映市场需求、资源稀缺程度、生态环境损害成本和修复效益。如，2015 年 10 月，中共中央印发《关于推进价格机制改革的若干意见》，重点推进水、石油、天然气、电力、交通运输业等领域的价格改革。我国工业用地总量偏多，居住用地偏少，比例失调。原因之一是土地价格形成机制混乱，各地为招商引资，工业用地实际出售价格往往低于基准价，甚至零地价，为弥补工业用地上的亏空，居住用地屡屡被打造出"地王"，价格畸高。

二是建立健全生态补偿制度。生态补偿制度是为了防止生态环境受到破坏，增强和促进生态系统良性发展，对生态环境产生或可能产生影响的生产、经营、开发、利用行为要求进行生态环境整治及恢复的一种新型环境管理制度。通俗来讲，当经济的发展带来外部环境的破坏时，从发展经济中获益的甲方应该给予其造成外部环境损害的乙方相应的经济赔偿；反之亦然，当乙方为了保护环境而放弃发展机会时，有权获得相应的经济补偿。众所周知，效率与公平是经济社会发展中的核心关系问题，而公平正义又是中国特色社会主义的内在要求，生态补偿能够比较有效地解决发展中的效率与公平不对称的问题。美国哈佛大学教授约翰·罗尔斯在《正义论》一书中指出："财富和权力的不平等，只要其结果能给每一个人，尤其是那些最少受惠的社会成员带来补偿利益，它们就是正义的。"[①]生态环境，就像一块公地，很容易酿成"公地悲剧"。作为人类共同享有的自然环境，

---

①　[美]约翰·罗尔斯. 正义论[M]. 何怀宏，何包钢，廖申白，译. 北京：中国社会科学出版社，2009：60-61.

如何改变其"公地悲剧"的宿命，是万物之灵面临的棘手问题。我们必须坚持生态正义原则，实行生态补偿。生态补偿制度以经济调节为手段，以法律为保障，坚持"谁开发、谁保护，谁破坏、谁恢复，谁受益、谁补偿，谁污染、谁付费"的原则，注重预防为主、防治结合，保护与开发并重、利用与补偿并重，对损害环境的行为采取各种形式的生态补偿，如征收保证金(或储备金)、财政转移支付、征收生态补偿金等。一般而言，环境保护设施和环境管理服务主要集中在发达地区，而且还存在发达地区的工业污染向欠发达地区转移的趋势。因此，作为环境弱势的欠发达地区，应该得到发达地区相应的经济补偿。通过发达地区援助和补偿落后地区，进而维护生态安全。由此可见，生态需求已经成为我国经济社会发展的重要需求，从制度上对生态进行补偿，维护社会公平正义，加快生态建设步伐，是实现人与自然、人与人、人与社会和谐发展的必然选择。2013年11月，党的十八届三中全会明确提出建立自然资源资产产权制度，主要目的在于明确其权属。当前，由于我国自然资源没有明晰的权属关系，极易造成自然资源的过度使用或肆意浪费。因此，要通过明晰自然资源的所有权、使用权及收益权来明确其所有人、使用者和保护者，增加自然资源的利用效率，进而达到可持续利用的目的。2016年4月，国务院印发《关于健全生态保护补偿机制的意见》，明确提出逐步实现森林、草原、湿地、荒漠、海洋、水流、耕地等重点领域和禁止开发区域、重点生态功能区等重要区域生态保护补偿全覆盖，补偿水平与经济社会发展状况相适应，跨地区、跨流域补偿试点示范取得明显进展，多元化补偿机制初步建立，基本建立符合我国国情的生态保护补偿制度体系。2021年9月，《关于深化生态保护补偿制度改革的意见》出台，明确提出健全以生态环境要素为实施对象的分类补偿制度、纵向补偿制度和横向补偿制度，并从法治保障、政策支持和技术支撑等多角度做出要求，这就从顶层设计的高度推动生态补偿进一步制度化和体系化，对加快生态文明制度体系建设、推进绿色发展意义重大。

四、建立健全生态文明公众参与制度

公众参与是生态文明制度科学化的必要条件。毫不夸张地说，公众不仅是生态环境保护的建设者，同时也是生态环境破坏的破坏者。正如习近平总书记所说的那样："每个人都是生态环境的保护者、建设者、受益者，没有哪个人是旁观者、局外人、批评家，谁也不能只说不做、置身事外。"①早在改革开放之初，我国就制定了"依靠群众"的环保工作方针，"鼓励公众参与环境保护工作"，人民群众积极参与爱国卫生运动、植树造林等，我国环保组织迅速发展壮大，为绿化祖国、拯救濒危动植物等做出了巨大贡献。回顾世界环境保护史，环境保护运动最早就是由民间发起的，社会民众和各类非政府组织一直是推动世界环境保护的重要力量，公众参与已经成为国际公认的环境法准则。在国外，生态环境治理的成功经验告诉我们，公众参与是社会、经济、自然和谐发展的"第三方力量"，其环境行动有助于补充政府环境治理能力的不足，维护公众的环境权利，对于提高环境治理的速度和成效发挥着重要作用。在当下的中国，公众参与美丽中国建设的局面逐步拉开，但是距离自觉参与、全面参与的要求仍然有较大的差距。究其原因，一是由于中国生态环境信息不透明，公开不及时，社会对环境信息的知晓度和准确度不高，公众的生态环保知情权、诉讼权、监督权等落实还不到位，直接导致参与机制的不顺畅，公众无法参与到决策中来。二是公众参与生态环境保护在不同的领域其积极性呈现差异性特征。公众对于与自身利益相关性强且直观感受深的环境问题主动参与度高，如对空气污染、噪声污染、垃圾散乱、黑臭水体等的监督举报等。相比之下，在公益性导向的绿色生活领域，公众有比较高的意愿，但践行度相对较低。三是公众参与环境保护的形式和渠道过于单一，深度和广度不够，难以有效发挥自身的作用。虽然我国的环保社会组织发展向好，但总体上还不够成熟，没能充分承担起公众的环境利益表达、协调疏

---

① 习近平. 坚持人与自然和谐共生[M]. 北京：中央文献出版社，2022：12.

通和化解环境风险的责任。四是公众参与环境保护的意愿与自身能力的不对称，也直接影响了环境治理的成效。目前，公众生态环保知识和技能的整体水平还比较低，盲目参与势必有意或无意对生态环境造成污染和破坏。同时，公众的环保法制素养不够，缺乏基本的生态环境维权意识，也直接影响环境治理的成效。

实践证明，主体意识的觉醒是公众积极主动参与环境决策的关键，确认公民的主体身份和生态权益的民主政治诉求，是其实质性地影响生态文明建设的前提。公众参与环境治理的实践，不仅可以有效弥补政府治理的缺陷，而且有利于促进公众环境权和发展权的实现，推进环境治理民主化科学化的进程。公众主体意识的觉醒与公众参与环境治理实践的紧密结合，才能更充分地激发公众发自内心自愿投身到生态文明建设的伟大事业中来。首先，完善相关立法，保障公民生态环境的知情权、参与权和监督权。在生态文明建设中，公众没有性别、民族、种族等的差别，享有同等的与生态文明建设相关的知情权、参与权和监督权。应积极引导公众摒弃传统的漠视和盲从的思维模式，增强自身在参与生态文明建设事业中的主动性、针对性和积极性。依法按照程序通过合理的渠道反映自己的生态利益诉求，捍卫自己应当享有的生态环境权益。政府环境主管部门要定期借助政府公报、新闻媒体等媒介，及时公开环境信息，扩大公开范围，保障公众知情权，维护公众环境权益。公民有权依法监督有关部门在生态文明建设中的失职渎职行为，同时健全举报、听证、舆论和公众监督等制度，吸纳社会公众直接或间接地向政府部门表达对于政策及其执行的意见，以敦促国家机关及其工作人员真正将生态文明建设的基本精神和基本要求落到实处。建立环境公益诉讼制度，对污染环境、破坏生态的行为，有关组织可提起公益诉讼。其次，培育人与自然和谐共生的生态价值观，树立"美丽中国，我是行动者"的生态责任观。人与自然的关系是人类社会的基本关系，人与自然和谐共生是协调和处理人与自然关系的基本准则。要建立健全以生态价值观念为准则的生态文化体系，培育人与自然和谐共生的生态文明主流价值观，并自觉运用到处理人与自然和谐相处的关系中，加快形成全民生态自觉。要主动摒弃"事不关己，高高挂起"等推卸生态责任的错误理念，引导社会公众认识到自身的责任，节制欲望，保护生态环境。再次，通过生态道德约束和生态法律约束促使公众养成生态道德责任意识，通过生态文明教育和生态实践养成推动形成生态文明建设的良好社会风尚。要以《关于加快推进生态文明建设的意见》《新时代公民道德建设实施纲要》《中共中央 国务院关于全面推进美丽中国建设的意见》等为基本准绳，健全生态文明公众参与的法律法规和制度规范，唤醒公众的生态保护意识，促使公众养成生态道德责任。同时，注重挖掘中华优秀传统文化的生态智慧，汲取其中的生态文化思想和资源，并充分利用博物馆、展览馆、科教馆等，宣传美丽中国建设的生动实践。此外，要在日常生活中提升公众的生态责任意识和生态实践养成，倡导简约适度、绿色低碳、文明健康的生活方式和消费模式。持续推进"光盘行动"，坚决制止"舌尖上的浪费"。鼓励绿色出行，推进城市绿道网络建设，深入实施城市公共交通优先发展战略。深入开展爱国卫生运动，提升垃圾分类管理水平，推进地级及以上城市居民小区垃圾分类的全覆盖。

第三节　强化制度落实，切实加大生态制度执行力度

习近平总书记多次指出："令在必信，法在必行。制度的生命力在于执行，关键在真抓，靠的是严管。"①制度的生命力在于执行和实施。再好的制度，如果没有执行力，也往往流于形式，成为摆设。只有下决心、下力气狠抓执行力，才能发挥制度的效用。一个国家生态环境好不好，很大程度上取决于生态制度执行得如何，生态好、环境好的国家无一不是环保法制健全、执行严格，而生态环境不断恶化又无一不是相关制度法律缺失、执行不力而导致的。建设生态文明，重在建章立制，用最严格的制度、最严密的法治保护生态环境。总体上看，我国生态环境质量持续好

---

① 习近平. 坚持人与自然和谐共生[M]. 北京：中央文献出版社，2022：13.

转，出现了稳中向好趋势，但成效并不稳固，环保形势依然严峻，存在一些亟待破解的难题，必须用最严格制度、最严密法治保护生态环境，推动我国生态文明建设。

一、加强生态立法，确保有法可依必依

建设生态文明离不开法制保障，生态法制的建设首先需要制定完备的生态文明法律，规范和约束破坏生态的行为，保证生态文明建设能够顺利展开。改革开放 40 多年来，我国生态环境方面的立法工作基本实现"有法可依"。随着中国特色社会主义进入新时代，我国社会主要矛盾已经转化为人民日益增长的美好生活需要和不平衡不充分的发展之间的矛盾，法律体系也要与时俱进、不断完善，因此，要加强生态文明立法，牢固坚持科学立法，明确立法权责，不断提高环境立法质量，完善配套法制建设，确保有法可依必依，以满足和适应社会发展以及人民群众对生态文明建设的要求。

目前，我国生态文明法律制度还不够完善，部分立法还不具体、不明确、不科学，相关配套法律还有待进一步完善。生态文明虽然在 2018 年写入宪法，赋予了其在国家生活中的根本性地位，确立了生态文明建设的总纲领，使生态文明建设真正从法律层面进入"五位一体"总体布局。然而实际的情况却是，我国的行政机关和司法机关在生态文明领域尚未形成衔接合力，尚未真正付诸行动制定改革措施，使宪法层面的生态文明建设仅有原有的法律法规体系作为支撑，宪法根本法的地位尚未真正得到体现，相关司法解释不健全，需要配套措施使之与立法相呼应。

为此，习近平总书记高度重视生态立法工作，他要求科学立法，民主立法。2021 年 12 月，习近平总书记在主持中共十九届中央政治局第三十五次集体学习时强调，要"加快重点领域立法"，提出"要加强国家安全、科技创新、公共卫生、生物安全、生态文明、防范风险等重要领域立法"①，其中就包括生态文明领域的立法问题。首先，要将生态文明理念融入到立法过程中，这是提高立法内容生态化的前提条件。要从根本上改变中国现行法

---

① 习近平谈治国理政(第四卷)[M].北京：外文出版社，2022：301.

律中"经济优先"的立法倾向，确立尊重自然和敬畏自然的立法原则，树立"环境优先""生态优先"以及"保护优先"的立法新理念，更加强调资源环境对于人类生存发展以及整个经济社会发展的重要地位。比如2020年颁布的《民法典》引入了生态保护的原则，鼓励和推进资源节约和环境保护，以指导和规范经济和社会生活向着有利于生态文明的方向发展。要从根本上改变当代人只顾眼前利益和局部利益的短视立法倾向，确立人与自然和谐共生，主张人的权利与自然的权利二者并重以及人类的利益与自然的利益的协调一致，将代内公平和代际公平的可持续发展理念作为生态环境立法的重要原则。一言以蔽之，生态文明建设理念不能只停留在理论上，还应对整个生态文明法制建设发挥作用，在具体的法律制定和实施中都应贯彻这一理念。

其次，明晰立法权责，立法责任主体和内容要明确，这是增强立法内容实用性和可行性的重要手段。一般而言，法律的制定和更新的速度赶不上经济社会发展的速度，在某些部门和某些领域呈现出现有法律滞后性的部分缺陷。如果立法者自身对生态环境重要性认识不足，部门间的分工模棱两可，那么制定出来的法律很可能缺乏可操作性，就会成为一纸空文。因此，在立法层面上应对制定法律的主体提出更高的要求。要完善生态法律体系，必须明确实施主体，明确自然资源管理部门与资源监督部门的职责分工。需要对自然资源的数量、范围和用途等在法律框架下进行有效监管，落实自然资源资产所有人的权益，在不损害他们利益的基础上进行自然资源的保护。部门主体规定要明确，确保权责分配到位，避免出现互相推诿、相互扯皮的现象。习近平总书记强调指出："要建立健全资源生态环境管理制度，加快建立国土空间开发保护制度，强化水、大气、土壤等污染防治制度……健全生态环境保护责任追究制度和环境损害赔偿制度，强化制度约束作用。"①因此，在生态文明法制建设进程中的立法环节，务

---

① 中共中央文献研究室.习近平关于社会主义生态文明建设论述摘编[M].北京：中央文献出版社，2017：100.

必确保权责明确，确保立法便于实行，增强法律实施的可操作性，真正地发挥其最大价值。

最后，提高立法质量，增加违法成本，这是夯实立法内容威慑力的重要保障。科学的立法不仅有助于生态环境的保护和改善，而且还有助于规范企业经营者的行为，甚至抑制其违法行为的产生。不科学的立法不但不利于生态环境的保护和改善，而且不利于约束和抑制企业经营者的违法行为，有时甚至是某些违法行为的助推剂。在生态立法的具体实践中，往往会出现部分企业为了追求更多利润，以违法成本低于守法成本为由，蓄意破坏生态环境和自然资源，造成对人类生存环境不可逆的巨大代价，究其原因，就在于立法缺乏科学性。唯有让超标企业认识到破坏生态环境的后果是十分严重的，并承担由此带来的巨大经济损失时，超标企业才能进行真正的生态转型。总之，要加大罚款力度，增加违法成本，促使企业选择守法。

二、严格生态执法，打造环境保护执法铁军

生态文明建设要严格执法，执法环节的严格实施情况是法律存在的生命源泉。"天下之事，不难于立法，而难于法之必行。"①法规制度的生命力在于执行，关键在真抓，靠的是严管。如果具备了完备的健全的制度，却没有将制度严格落地，势必会产生"破窗效应"，不利于生态环境的改善和保护。为此，我们要让法律长出"铁齿铜牙"，勇于向环境违法行为亮剑，坚决打击各类环境违法犯罪，真正做到有法必依、执法必严、违法必究，坚决杜绝一切有法不依和知法犯法的生态违法行为，打造一支环境保护的执法铁军，依法切实保护广大人民群众的生态环境权益。

首先，各级政府部门要加强执法力度，敢于担当，明确责任和程序，做到各司其职，提高执法质量，提升公信力，让生态法律法规发挥应有的作用。习近平总书记强调指出："政府要强化环保、安全等标准的硬约束，

---

① 习近平谈治国理政(第二卷)[M]．北京：外文出版社，2017：120．

对不符合环境标准的企业，要严格执法，该关停的要坚决关停。国有企业要带头保护环境、承担社会责任。要抓紧修订相关法律法规，提高相关标准，加大执法力度，对破坏生态环境的要严惩重罚。要大幅提高违法违规成本，对造成严重后果的要依法追究责任。"①为此，要以新《环保法》的实施为契机，认真贯彻落实党的十九大、二十大精神及相关法律法规，对企事业单位认真执行重点污染物排放总量、排污许可、环境影响评价等硬性规定，强化排污者的主体责任，提高排污者的违法违规成本，严惩污染环境、破坏生态的一切生态违法行为，使生态法律法规真正成为有钢牙利齿的"利器"，绝不能让生态制度规定成为"没有牙齿的老虎"。由于排污者是污染治理的责任主体，强化其环保责任，有助于改善环境质量，优化市场竞争环境。要下大力气抓住破坏生态环境的反面典型，释放出严加惩处的强烈信号。重点落实"按日计罚"制度、信息强制性披露制度以及环境保护信用评价制度，从制度和法律层面对排污者起到震慑作用。

其次，要将环保执法部门生态文明执法的成效与其政绩考核挂钩，与地方政府部门官员的职位任免挂钩。对行政不作为、行政乱作为的环保部门，地方政府要加强行政问责，建立终身问责制度。习近平总书记指出："一些重大生态环境事件背后，都有领导干部不负责任、不作为的问题，都有一些地方环保意识不强、履职不到位、执行不严格的问题，都有环保有关部门执法监督作用发挥不到位、强制力不够的问题。"②因此，执法必严，应从政府部门的依法带头履职到位抓起，从执法部门领导的环保意识和责任意识抓起。对那些不顾生态环境盲目决策、造成严重后果的人，必须追究相关领导干部的责任，而且应该终身追究。组织部门、综合经济部门、统计部门、监察部门等都要把这个事情落实好。与此同时，生态环境保护还是一项高知识密度的活动，大量专业技术机构如环境影响评价机构、环境监测机构、环境损害鉴定机构等在市场准入、监督检查、责任认

①　习近平. 坚持人与自然和谐共生[M]. 北京：中央文献出版社，2022：43.
②　习近平. 坚持人与自然和谐共生[M]. 北京：中央文献出版社，2022：177.

定等法律实施过程中发挥了重要作用。因此，从法律层面深刻认识其专业技术机构的功能，科学界定其法律地位并系统规范其行为，对于提升生态文明的执法效能至关重要。鉴于目前这些专业技术机构过度追求服务费用，对自身职责履行缺失法治意识的弊端，政府需要通过健全法律法规、加强监管、引导行业自律、推动社会共治等方式，激发其对法律法规和公共利益负责意识，切实承担起公共利益职责，客观进行技术判断，同时向执法司法部门全面、准确、真实地报告相关单位的情况。①

最后，以生态环境执法联防联控联治为重要抓手，建立跨区域、跨部门的生态执法联动机制，深入推动生态环境执法的效能提升。2015 年 10 月，习近平总书记在中共十八届五中全会上所作的《关于〈中共中央关于制定国民经济和社会发展第十三个五年规划的建议〉的说明》中明确指出："现行以块为主的地方环保管理体制，使一些地方重发展轻环保、干预环保监测监察执法，使环保责任难以落实，有法不依、执法不严、违法不究现象大量存在。"②在对现行环保体制存在的四个突出问题进行综合研判的基础上，建议稿提出"省以下环保机构检测检察执行垂直管理"的意见，这是对我国环保管理体制的一项重大改革，有利于增强环境执法的统一性、权威性和有效性。此外，不同部门间的联动执法制度还有待完善，即生态环境保护部门和司法部门之间应建立起生态联动执法的机制。习近平总书记深刻揭示了在环境保护、食品安全、劳动保障等领域，还存在着行政执法和刑事司法的某些脱节现象，一些涉嫌犯罪的案件止步于行政执法环节，法律威慑力不够，健康的经济秩序难以真正建立起来。本质上看，反映的是执法不严的问题，需要通过加强执法监察、加强行政执法与刑事司法衔接来解决。为此，习近平总书记深刻提出了"健全生态环境保护行政执法和刑事司法衔接机制"③的重要论断。

---

① 赵鹏. 用法治提升生态文明制度效能[N]. 北京日报，2020-04-27(10).
② 习近平谈治国理政(第二卷)[M]. 北京：外文出版社，2017：391.
③ 十九大以来重要文献选编(上)[M]. 北京：中央文献出版社，2019：510.

三、提高生态司法，增强生态司法公信力

司法是确保法律法规得到强制遵守和执行的最后一道防线，公正是司法的灵魂和生命，司法公正性和司法公信力是衡量经济发展和社会稳定的重要标尺。全面依法治国，必须紧紧围绕保障和促进社会公平正义来进行，"努力让人民群众在每一项法律制度、每一个执法决定、每一宗司法案件中都感受到公平正义"①。生态文明建设要守住司法公正的底线。近年来，随着全面依法治国的加快推进，人民群众的法治意识不断增强，对公正环境资源司法保障的需求越来越高。只有不断深化司法体制改革，促进司法公正，提高司法公信力和权威性，才能将人民群众的需求落到实处，为生态文明建设提供坚强后盾，切实维护社会公平正义。但是，目前我国环境资源审判工作与生态文明建设的需要相比，在环境案件的受理、惩治环境犯罪的力度、推进环境公益诉讼发展等方面还有很大差距，需要尽快弥补短板。

改革开放40多年来，我国建立、完善和修订了一系列关于自然资源和生态环境的法律法规，但大肆掠夺自然资源、蓄意破坏生态环境的事件仍然频发多发，其中原因非常复杂，有公众生态法治意识淡漠，更有执法机关执法不严、司法机关不作为等。因此，重点和难点在于通过严格执法、公正司法、全民守法，推进生态环境法律正确实施，真正把"纸上的法律"变成"行动中的法律"。在公正司法方面，当务之急就是要建立严格的生态环境司法制度，监督行政主体公正司法，以保证生态文明制度的有效落实。2024年1月，习近平总书记在中央政法工作会议上指出，必须依法为全面深化改革提供有力的司法保障，妥善审理生态文明体制改革中发生的各类案件，确保改革成果惠及广大人民群众。习近平总书记还强调，要"强化对破坏生态环境违法犯罪行为的查处侦办，加大对破坏生态环境案

---

① 习近平谈治国理政(第三卷)[M]. 北京：外文出版社，2020：284.

件起诉力度，加强检察机关提起生态环境公益诉讼工作"①。习近平总书记还特别谈到"要确保审判机关、检察机关依法独立公正行使审判权、检察权"②。2014年10月，习近平总书记在十八届四中全会上所作的《关于〈中共中央关于全面推进依法治国若干重大问题的决定〉的说明》中指出："为确保依法独立公正行使审判权和检察权，全会决定规定，建立领导干部干预司法活动、插手具体案件处理的记录、通报和责任追究制度；健全行政机关依法出庭应诉、支持法院受理行政案件、尊重并执行法院生效裁判的制度；建立健全司法人员履行法定职责保护机制。"③此外，习近平总书记还指出，在生态司法一线办案并对案件质量终身负责的法官和检察官，要做到"以至公无私之心，行正大光明之事"，"要加强对他们的监督制约，把对司法权的法律监督、社会监督、舆论监督等落实到位"，"把司法权关进制度的笼子，让公平正义的阳光照进人民心田"④。概而言之，要健全纪检监察机关、公安机关、检察机关、审判机关、司法行政机关各司其职，侦查权、检察权、审判权、执行权相互配合的体制机制，进一步优化司法权力运行，完善司法体制和工作机制，推动司法质量、司法效率和司法公信力的全面提升，进而有效维护社会公共生态利益。

四、推动公民守法，培育生态法治文化

生态文明建设要提高全体公民的自觉守法意识，公民自觉守法是依法治国的客观要求，也是生态文明法治建设的题中应有之义。在一些地方一些领域，生态环境违法违规案件之所以高发频发，一个重要原因就在于公民法律意识极为淡薄，对生态环境法律了解程度不够，最终酿成了一系列

---

① 中共中央宣传部、中华人民共和国生态环境部. 习近平生态文明思想学习纲要[M]. 北京：学习出版社、人民出版社，2022：88.

② 习近平谈治国理政[M]. 北京：外文出版社，2014：145.

③ 习近平关于尊重和保障人权论述摘编[M]. 北京：中央文献出版社，2021：143.

④ 习近平谈治国理政(第二卷)[M]. 北京：外文出版社，2017：131.

的苦果恶果。如果生态法律法规不被公民所认知和信仰，即使相关法律法规制定得多么科学完备，其执行和监督也将成为虚空，一句话，法律的制定、执行和监督都有赖于全体公民对生态法律法规的敬畏和法治化思维方式和行为方式的养成。从某种意义上来说，公民严格自觉学法、遵法、守法和用法，不仅是衡量文明社会进步的关键因素，更是确保法律的保障功能得以实现的重要标志。要在全社会深入开展生态法治宣传教育，引导全体公民自觉学习生态文明知识，自觉遵守生态法律法规，树立生态文明意识，培育尊重生态文明光荣、破坏生态文明可耻的道德风尚，积极倡导生态法治精神，大力弘扬生态法治文化，让法治思维更加深入人心，惟其如此，才能把建设美丽中国的愿景转化为全体公民的自觉行动。

一方面，国家公职人员要率先垂范做好表率，自觉带头遵守生态文明建设的相关法律法规。各级政府领导干部要带头遵纪守法，积极宣传法律，涉及生态执法的行政机关及其工作人员要转变执法理念，全面落实全民普法工作，切实维护法律权威。行政机关是实施法律法规的重要主体，必须忠于法律，更要带头严格执法，维护公共利益、人民权益和社会秩序。习近平总书记指出，作为执法者的行政机关"要把推进全民守法作为基础工程，全面落实'谁执法谁普法'普法责任制"①。可见，生态普法宣传工作是行政机关必须承担的生态责任。习近平总书记还明确指出，"要把法治素养和依法履职情况纳入考核评价干部的重要内容，让尊法学法守法用法成为领导干部自觉行为和必备素质"②。为此，政府和涉及生态文明的相关部门要定期开办生态法制讲座，加强生态文明知识的普及宣传，同时充分利用现代媒体的强大功能，加强生态法治宣传教育，不断普及公众的生态法律知识，强化生态文明法治理念，引导全体人民遵守生态法律，树立生态法治思维方式，积极抵制违反生态法律法规的不文明行为，形成依法行使生态环境权、自觉履行生态责任的现代公民意识，促使生态法治

---

①　习近平谈治国理政(第四卷)［M］．北京：外文出版社，2022：304．
②　习近平谈治国理政(第四卷)［M］．北京：外文出版社，2022：298．

精神在全社会蔚然成风。

另一方面，通过生态文明宣传教育培养公民的生态道德责任，并把提升公民的生态法治素养落实到具体的生态文明实践活动和护蓝增绿的自觉行动中，在全社会弘扬生态法治精神，加强生态法治文化建设。习近平总书记不仅多次提出要加强生态文明宣传教育，而且主张把爱护环境、保护资源和珍惜生态等纳入到国民教育、培训体系和群众性精神文明创建活动之中。2013 年 5 月，习近平总书记在十八届中央政治局第六次集体学习时指出："要加强生态文明宣传教育，增强全民节约意识、环保意识、生态意识，营造爱护生态环境的良好风气。"①2017 年 5 月，习近平总书记在十八届中央政治局第四十一次集体学习时进一步指出："要加强生态文明宣传教育，把珍惜生态、保护资源、爱护环境等内容纳入国民教育和培训体系，纳入群众性精神文明创建活动，在全社会牢固树立生态文明理念，形成全社会共同参与的良好风尚。"②提升公民的生态法治素养，除了要通过普法宣传教育和生态文明宣传教育外，还应深谙"绝知此事要躬行"的古训，要在具体的日常生活中和活生生的生态文明实践中进一步提升和锻造，坚持外部的他律和公民的自律的紧密结合。提升公民生态法治素养，生态文明实践养成是关键。要教育引导人民群众在参与生态法治实践中体验和学习生态法律法规，逐步认同、信赖和践行生态法律法规。日常生活最能涵育公民法治素养，要把生态法律法规融入百姓日常生活，积极引导公民在日常生活中做好垃圾分类、杜绝餐饮浪费、革除滥食野生动物陋习，切实把生态法治作为一种生活方式，自觉从细节抓起、从小事做起，在日常生活点滴中养成尊法守法的良好习惯和自觉行动。2021 年 3 月，中办、国办印发了《关于加强社会主义法治文化建设的意见》，提出要结合新时代公民道德建设实施纲要、新时代爱国主义教育实施纲要，推动社会主

---

①　中共中央文献研究室. 习近平关于社会主义生态文明建设论述摘编［M］. 北京：中央文献出版社，2017：116.

②　中共中央文献研究室. 习近平关于社会主义生态文明建设论述摘编［M］. 北京：中央文献出版社，2017：122.

义核心价值观融入法治建设，弘扬社会主义法治精神，形成守法光荣、违法可耻的社会风尚。生态道德建设是提升公民生态法治素养的基础，要坚持以生态道德建设固本培元，把提升公民生态法治素养纳入公民道德建设工程和文明创建工程，广泛开展多种形式的主题宣传实践活动，引导人们树立尊重自然、顺应自然、保护自然的理念，开展创建节约型机关、绿色家庭、绿色学校、绿色社区、绿色出行和垃圾分类等行动，推进美丽中国建设；要强化社会规范的约束，发挥乡规民约、学生守则、学校文化、行业规章等的综合作用，更好地规范、调节、评价人们的日常言行举止，形成简约适度、绿色低碳的生活方式；要及时把实践中广泛认同、较为成熟、操作性强的生态道德要求转化为生态法律规范，以法治的力量维护道德，以激起大众内心深处生态意识和生态良知的觉醒，形成较为稳定的生态道德品格和生态法治素养。

第六章 生态国际观：共谋全球生态文明建设

在全球化的人背景下，生态环境问题早已超越国界的限制，对世界上所有的国家都产生了广泛而深远的影响。任何国家和地区都无法独自有效地应对生态环境问题，只有一起携手，共同行动，才是人类谋求生态环境问题的解决之道。习近平总书记基于构建人类命运共同体的高度，在众多国际和国内场合阐述了共谋全球生态文明建设，共建山清水秀、清洁美丽的世界的重要思想，这是针对当前全球生态环境领域"世界怎么了，我们怎么办"给出的中国方案，受到了国际社会的广泛关注、认可和赞誉，展现了中国共产党人合作、共赢、共享的全球生态治理的新视野和新境界。这一重要思想根植于全球生态环境治理对理论的现实需求，深入探讨了共谋全球生态文明建设之路的一系列重大理论和实践问题，形成了逻辑严密、系统完备的科学体系，对于全球生态危机的破解、人类共同家园的建设以及人类文明新形态的创造都具有极为重要的理论意义和现实意义。

第一节 共谋全球生态文明建设的生成逻辑

习近平总书记关于共谋全球生态文明建设、共建生态良好地球家园的重要思想，不仅深化了马克思主义关于人与自然内在关系的规律性认识，而且对中华优秀传统文化中的生态智慧做出了新时代诠释与创新性发展，是全球生态危机视阈下谋求绿色发展和可持续发展的客观要求。习近平总书记生态国际观有其深厚的生成土壤和现实根基，可以从理论渊源、现实挑战、文化根基和实践基础等方面来把握，充分体现了理论与实践、历史与现实统一的鲜明特点。

一、理论渊源：马克思主义生态自然观和世界历史观

"共谋全球生态文明建设"继承和发展了马克思主义的生态自然观。马克思认为，人与社会、人与自然、社会与自然是相互影响、相互作用、相互依赖、相互制约的辩证统一关系，人类只有在尊重自然规律的前提下才能进行社会生产生活，才能实现三者之间的协调和和谐。马克思在《1844年经济学哲学手稿》中深刻指出，一方面，人是"自然存在物"，而且是"有生命的自然存在物"和"能动的自然存在物"，另一方面，人又是"受动的、受制约的和受限制的存在物"[1]。这即是说，人是能动性和受动性的辩证统一，一方面人类在认识和改造自然的过程中，表现出主体所特有的能动性和创造性，而且其主观能动性和创造性的发挥必须以尊重自然规律为前提，人类无法改变自然的先在性和自然是人的无机身体这一客观事实。同时马克思、恩格斯还将"自然—社会—人"作为一个相互关联、相互促进的有机统一的系统，自然界为人类的生存提供了重要的物质资料，是人类社会发展的基础，自然界的发展状况又会直接影响人类社会的发展状况。马克思认为："人对自然的关系直接就是人对人的关系，正像人对人的关系直接就是人对自然的关系，就是他自己的自然的规定。"[2]这即是说，人与自然的关系折射并反映出人与人的关系。马克思还说："不是神也不是自然界，只有人自身才能成为统治人的异己力量。"[3]由此可见，人对自然的奴役本质上是人对自身的奴役。马克思和恩格斯时刻关注资本主义社会现实，在《英国工人阶级状况》《资本论》等诸多著作中，他们通过分析资本实质，无情揭露了人与人之间赤裸裸的奴役与被奴役的关系，以及人与自然

---

① 马克思恩格斯文集(第1卷)[M]. 北京：人民出版社，2009：209.

② 马克思恩格斯文集(第1卷)[M]. 北京：人民出版社，2009：184.

③ 马克思恩格斯文集(第1卷)[M]. 北京：人民出版社，2009：165.

之间扭曲的征服与被征服的关系，深刻揭示了现代性生态危机产生的诸多根源，并为消解资本主义生态危机提供了诸多思索。马克思指出，在资本逻辑和剩余价值的驱使下，现代化的生产工具和机器化的大生产，带来了生产力的迅猛发展和资本家财富的激增，但却以环境的污染、生态的破坏和科技的滥用为代价。唯有扬弃私有制和资本主义制度，建立以公有制为基础的共产主义社会，让自然从资本的独占中解放出来，消除资本对自然的统治力量，才能破除人对自然的奴役和掠夺，自然才能获得真正解放，人才能实现对自己本质的真正占有，不再受他物和异己的支配，才有可能实现自然主义和人道主义的和谐统一。在继承和吸收了马克思主义关于正确处理人与自然辩证关系的思想，反思百年未有之大变局下全球生态危机以及对人类生存家园产生的恶劣影响，习近平总书记深刻提出"人与自然是生命共同体"的理念，并从文明史的视角总结了"生态兴则文明兴，生态衰则文明衰"的人类社会发展规律，揭示了人类史与自然史紧密相连、共生共存的关系，同时强调"人类必须尊重自然、顺应自然、保护自然"，"人类对大自然的伤害最终会伤及人类自身，这是无法抗拒的规律"。这就突破了传统西方"人类中心主义"与"生态中心主义"的思维局限，深刻阐释人与自然和谐共生的辩证关系。习近平总书记认为，无论是西方世界还是东方国度，其文明的发展都离不开自然界，在"利用自然、改造自然"的同时，"必须呵护自然，不能凌驾于自然之上"①，要着力解决好工业文明带来的对自然过度索取后引发的生态环境问题，以人与自然的和谐相处为最终目标，实现人的全面发展、人类的生存发展和整个世界的可持续发展。习近平总书记明确指出："国际社会应该携手同行，共谋全球生态文明建设之路，牢固树立尊重自然、顺应自然、保护自然的意识，坚持走绿色、低碳、循环、可持续发展之路。"②因此，马克思主义生态自然观是习近平生态国际观的思想渊源，同时习近平生态国际观是对马克思主义生态自然

---

① 习近平. 论坚持人与自然和谐共生［M］. 北京：中央文献出版社，2022：92.
② 习近平. 论坚持人与自然和谐共生［M］. 北京：中央文献出版社，2022：92.

观的丰富和拓展。

　　"共谋全球生态文明建设"继承和发展了马克思主义的世界历史观。在马克思主义的世界历史理论中，马克思和恩格斯认为，历史从区域历史向世界历史的过渡和转变，必须具备两个历史前提，即"以生产力的普遍发展和与此相联系的世界交往为前提"①。一是必须以生产力的巨大增长和高度发展为前提，生产力的高度发展是历史发展成为世界历史的关键因素。在马克思和恩格斯看来，生产力的发展之所以如此重要，主要是"因为如果没有这种发展，那就只会有贫穷、极端贫困的普遍化；而在极端贫困的情况下，必须重新开始争取必需品的斗争，全部陈腐污浊的东西又要死灰复燃"②。也就是说，在物质生产力还不充分发展的条件下，人类必然会陷入争夺必需品的斗争之中，掠夺自然和剥削自然就成为情理之中的事情，人与人之间、地域与地域之间、国家与国家之间等也基于各自的利益需求而引发交往的冲突和对立。二是与此相联系的世界交往，也即交往的普遍化，生产力的高度发达也为交往的普遍化提供了有利条件。"只有随着生产力的这种普遍发展，人们的普遍交往才能建立起来……使每一民族都依赖于其他民族的变革……地域性的个人为世界历史性的、经验上普遍的个人所代替。"③交往的普遍化使个人摆脱了狭隘的地方性的、民族性联系的束缚。马克思、恩格斯还运用唯物史观，揭示了生产力的发展使得各民族各国家之间的交往与联系越来越密切，并且这种交往与联系是多方面的，并不仅仅局限于经济，而是扩展到文化、政治、生态等各个领域，因此地域性逐步向世界性转变，世界发展成为一个整体，历史也发展成为世界历史。"各个相互影响的活动范围在这个发展进程中越是扩大，各民族的原始封闭状态由于日益完善的生产方式、交往以及因交往而自然形成的不同民族之间的分工消灭得越是彻底，历史也就越是成为世界历史。"④这就深

① 马克思恩格斯文集(第1卷)[M]. 北京：人民出版社，2009：539.
② 马克思恩格斯文集(第1卷)[M]. 北京：人民出版社，2009：538.
③ 马克思恩格斯文集(第1卷)[M]. 北京：人民出版社，2009：538.
④ 马克思恩格斯文集(第1卷)[M]. 北京：人民出版社，2009：540-541.

刻阐明了随着科技的进步、生产力的提升与经济的发展，民族之间的分工逐步缩小，全球各国的交流不断增多，世界紧密联系在一起的普遍真理。习近平总书记"共谋全球生态文明建设"的重要论述继承和发展了马克思的世界历史理论，即从全球性的、整体性的视角去认识和推进生态文明建设的发展。诚如习近平总书记所说的那样："学习马克思，就要学习和实践马克思主义关于世界历史的思想"，"我们要站在世界历史的高度审视当今世界发展趋势和面临的重大问题"①。马克思、恩格斯当年所预言的人类交往的世界性和一体化的世界已经成为现实，各国相互联系和彼此依存比过去任何时候都更频繁、更紧密，我们要用马克思的世界历史理论去观察整个世界。在中国特色社会主义进入新时代的今天，国内生态环境形势依然严峻，全球生态危机面临考验，如何在建设美丽中国的进程中同时推动建设美丽世界，是中国这样一个负责任大国必须正视和思考的重要问题之一。每个国家都无法在世界历史的浪潮中独善其身，在生态问题面前，没有一个国家能置身事外，世界是一个生态整体，生态问题需要全世界团结合作才能得到真正解决。各国要将生态环境治理和生态文明建设看做全球性的共同责任，树立全球意识，携手合作，共同面对世界性环境危机和挑战，从而建设清洁美丽的世界，实现世界的永续发展。

二、现实挑战：全球性生态危机呈现出严峻复杂态势

习近平总书记共谋全球生态文明建设的重要思想是在全球性生态危机呈现出严峻而复杂的形势下应运而生的。资本主义的发展开启了人类历史向世界历史的转变，世界由此进入了全球化时代。全球化给世界各国带来了巨大的经济效益，但同时也催生出土地荒漠化、全球气候变暖、海洋污染、水体污染、固体废弃物污染、臭氧层破坏、生物物种减少等一系列生态环境问题。伴随经济全球化进程在深度上的扩张和广度上的延展，相应地，也加剧了生态环境问题从一方地域转向全球扩散和转移，进而衍生出

---

① 在纪念马克思诞辰 200 周年大会上的讲话[N]. 人民日报，2018-05-05(2).

全球性生态危机愈演愈烈的复杂态势。生态危机从发展的维度来看，是人类与自然环境之间动态平衡被打破的结果，而人与自然环境矛盾的激化正是源于工业文明时代物质富足的同时所带来的负面影响。正如习近平总书记深刻指出的："人类进入工业文明时代以来，传统工业化迅猛发展，在创造巨大物质财富的同时也加速了对自然资源的攫取，打破了地球生态系统原有的循环和平衡，造成人与自然关系紧张。"①

　　概而言之，全球生态危机呈现出三大特征，一是全球生态危机的破坏范围扩大。它随着人类世界性交往而发生，不是某几个国家或者区域造成的，并且它的影响也不是局部的，而是全球性质的。来自不同国家不同地区不同制度的人们，都无一例外地要面对工业文明对自然生态的破坏所带来的同一种生态灾难，尽管国家、地区、制度不同，但大家好似在同一条遇难的船上，面临和承受着同一种命运。也就是说，当今世界，每个民族、每个国家已成为唇齿相依的生态生命共同体，每个民族、每个国家的前途命运都紧紧联系在一起，应该风雨同舟，荣辱与共，用毛泽东同志的话来说，就是"环球同此凉热"。二是造成全球生态危机的因素日益复杂多元化。这种复杂性和多元化更多是人为因素造成的。例如，备受全球关注的日本强推核污水排海事件，大量日本和韩国民众举行集会，抗议日本政府强行启动核污染排海计划，更有日本及全世界的专家们指出东京电力公司和日本政府强行向海洋倾倒核污染水可能给环境造成辐射污染，实质是把各种隐患强加给当地民众和国际社会，是极其不负责任的行为，会对全球海洋环境造成不可预测的破坏和危害。海洋是全人类赖以生存的蓝色家园，不容日方随意倾倒核污染水。日方强推核污染水排海，无疑是在拿全球海洋环境和全人类健康当赌注，无视海洋环境、食品安全和公众健康。三是全球生态危机还呈现出长期性和持久性的特点。生态环境问题自人类进入工业革命以来就在全球范围内不断蔓延，且愈演愈烈，它不可能在短期内得到有效的破除和消解。人类赖以生存的地球家园从以前的碧海蓝天

①　习近平. 论坚持人与自然和谐共生[M]. 北京：中央文献出版社，2022：8-9.

变成现在的千疮百孔，这也从一个侧面反映出全球生态治理要经历一个漫长过程，需要世世代代当代人和后代人的持续努力。人类是命运共同体，建设绿色家园是人类的共同梦想。生态危机、环境危机成为全球挑战，没有哪个国家可以置身事外，独善其身。① 因此，我们必须摒弃"吃祖宗饭、断子孙路，用破坏性的方式搞发展"，而应"寻求永续发展之路"，要"倡导绿色、低碳、循环、可持续的生产生活方式"，"不断开拓生产发展、生活富裕、生态良好的文明发展道路"②。

与此同时，还应看到，在全球生态危机呈现严峻复杂态势的客观情况下，还存在着世界上各个国家和地区之间难以达成全球环境治理共识这一棘手问题。坦率地讲，发达国家和发展中国家在当前国际环境治理秩序中的地位是不对等的，存在诸多不公平不合理的行为。发达资本主义国家在资本逻辑和高额利润的驱使下，势必突破资源环境的承载限度，造成自然环境的持续破坏。为了转嫁生态灾难，发达国家利用发展中国家急于发展本国经济的契机，诱使它们吞下环境污染的苦果，并利用国际经济旧秩序，大肆掠夺其自然资源特别是能源，以满足本国经济的高速发展。发达国家还利用其自身在资本、技术等方面的优势，将本国污染行业大量转移到发展中国家，并将大量有毒、有害的废物输送到发展中国家，使发展中国家成为资源的供应地、产品的倾销地，甚至是生活废弃物的倾倒地，发达国家赤裸裸的"生态殖民主义"或"生态霸权主义"的丑恶行径由此可见一斑。同时还应看到，由于发达国家与发展中国家在综合国力、国际话语权、国际影响力等方面的巨大差异，因此在涉及生态战略博弈方面，发达国家仍然居于主导性地位。某些发达国家在制定本国发展战略时倾向于经济利益最大化方案，而忽视对生态环境影响的关注和评估。某些发达国家急功近利地攫取自然资源，污染生态环境，采取"杀鸡取卵""竭泽而渔"的掠夺式发展方式，忽视当代人的生存环境，更无视子孙后代的长远利益。

---

① 李干杰. 加强生态环境保护 建设美丽中国[N]. 经济日报，2017-12-04(5).

② 习近平谈治国理政(第二卷)[M]. 北京：外文出版社，2017：544.

更有甚者，某些发达国家无视他国生态利益，在全球性生态危机面前否认其发展方式带来的生态环境问题，拒绝履行"共同但有区别的责任"的原则，甚至无端退出国际公约协定。由此可见，国际生态治理体系正在遭受极大的考验，归根到底还是西方发达国家资本逐利的本性使得全球生态治理难以快速推进。全球生态治理是为了维护全人类的共同利益，只有这样世界才能和谐向前发展，正因为许多国家没有认识到这一点，所以即使它们加入了国际性生态合作组织，签订生态合作条约，开展生态交流合作，但最终目的还是为了维护本国生态利益。因此，共谋全球生态文明建设之路，其目标在于加强全球生态治理，摒弃传统资本逻辑，着眼于全人类最高利益，寻求各方生态利益的汇合点，在更公平公正的国际环境中进行全球生态文明建设。

三、文化根基：中华传统文化中天人合一和天下大同思想

习近平生态国际观生成的文化基因主要来源于中华传统文化所蕴含的生态智慧和天下观思想。一方面，习近平总书记关于共谋全球生态文明建设的重要思想继承和发扬了中华优秀传统文化中的天人合一思想。在我国五千多年的悠久历史中，古圣先贤注重对人与自然关系的思考，中华优秀传统文化中蕴含着丰富而深刻的生态整体观，习近平总书记的生态国际观充分吸收了"中国传统或古典色彩的有机思维方式：天地人、人自然社会的整体性及其统一"[1]。习近平总书记在国内外的讲话中多次引用中华优秀传统文化中的话语，强调要把天地人统一起来、把自然生态同人类文明联系起来，按照大自然规律活动，取之有时，用之有度。习近平总书记在2020年气候雄心峰会上引用"天不言而四时行，地不语而百物生"[2]，意在强调人与自然是生命共同体，人类对自然的伤害最终会伤及人类自身，这是无法抗拒的规律，呼吁各方助力《巴黎协定》行稳致远，共同守护地球这

---

① 郇庆治. 生态文明及其建设理论的十大基础范畴[J]. 中国特色社会主义研究，2018(4)：16-26.

② 习近平. 论坚持人与自然和谐共生[M]. 北京：中央文献出版社，2022：270.

一人类共同的、唯一的家园。习近平总书记在 2015 年气候变化巴黎大会开幕式上，引用"万物各得其和以生，各得其养以成"①，表明中华民族历来强调天人合一、尊重自然，之后在《生物多样性公约》第十五次缔约方大会领导人峰会上的主旨讲话中，习近平总书记再次引用"万物各得其和以生，各得其养以成"，旨在保护生物多样性，共同构建地球生命共同体，维护人类生存和发展的地球家园，促进人类的可持续发展。习近平总书记在 2018 年全国生态环境保护大会上，一开篇就多处引用中华文化经典中的生态智慧。在 2016 年省部级主要领导干部学习研讨班上，习近平总书记引用了孔子的"子钓而不纲，弋不射宿"，引用荀子的"草木荣华滋硕之时则斧斤不入山林，不夭其生，不绝其长也；鼋鼍、鱼鳖、鳅鳝孕别之时，罔罟、毒药不入泽，不夭其生，不绝其长也"，以及《吕氏春秋》中的"竭泽而渔，岂不获得？而明年无鱼；焚薮而田，岂不获得？而明年无兽"②，表明中华民族向来尊重自然、热爱自然，对待自然资源取之有时，用之有度，将人与自然放在了一个和谐的层面上，倡导人与自然和谐共处。习近平生态国际观扎根于中华民族传统生态智慧的土壤，立足全球可持续发展的现实需要，主张构建人类命运共同体，共同营造和谐宜居的人类家园，推动建设清洁美丽的和谐世界，这与中国古代强调人与自然合一的根本观点是高度契合的。

习近平总书记关于共谋全球生态文明建设的重要思想继承和发扬了中华优秀传统文化中的天下大同思想。在五千年的悠久历史长河中，中华优秀传统文化无不闪耀着古代先人友好和睦、合作共赢、天下大同的思想光辉。西汉戴圣编撰的《礼记·礼运篇》中有："大道之行也，天下为公，选贤与能，讲信修睦"，强调了世界是大家共有的，大道施行的时候，人人讲诚信、和睦相处，表达出一种和谐美好的理想社会图景。宋代理学家张载在《西铭》中言："民吾同胞，物吾与也"，把天下的人都当作自己的同

---

① 习近平. 论坚持人与自然和谐共生[M]. 北京：中央文献出版社，2022：116.
② 习近平. 论坚持人与自然和谐共生[M]. 北京：中央文献出版社，2022：135.

胞，把天地间的自然万物都当作自己的同伴。《论语》说"泛爱众，而亲仁""四海之内皆兄弟"，《孟子》说"亲亲而仁民，仁民而爱物"等，鲜明地包含着公平、平等和博爱的观念，把人间大爱传递和扩展到广泛的人际和物类，将这种天下为家的观点上升到以仁爱之心对待万物的思想境界。而《管子》中的"以众人之力起事者，无不成也"、《吕氏春秋》中的"万人操弓，共射一招，招无不中"、《荀子》中的"善学者尽其理，善行者究其难"、唐代诗人刘禹锡的"山积而高，泽积而长"、清代诗人唐甄的"以实则治，以文则不治"等古语和诗句都强调了团结合作、坚韧努力和注重实干对于成事的重要性。关于对中华优秀传统文化的传承与发展，习近平总书记明确指出，要"把优秀传统文化的精神标识提炼出来、展示出来"，"把优秀传统文化中具有当代价值、世界意义的文化精髓提炼出来、展示出来"①。在 2021 年国际气候峰会上，习近平总书记引用"众力并，则万钧不足举也"②，指出气候变化尽管带给人类的挑战是现实的、严峻的、长远的，但是只要各国都能心往一处想、劲往一处使，同舟共济、守望相助，人类就能够应对好全球气候环境挑战，把一个清洁美丽的世界留给子孙后代。习近平总书记在 2020 年联合国生物多样性峰会上的讲话中，引用古语"山积而高，泽积而长"③，意在传达加强生物多样性保护，推进全球环境治理，中国将秉持人类命运共同体理念，做出自身艰苦卓绝的努力。习近平总书记在 2014 年和平共处五项原则发表 60 周年纪念大会上，引用"各美其美、美人之美、美美与共、天下大同"④，旨在呼吁各方积极树立双赢、多赢、共赢的新理念，摒弃你输我赢、赢者通吃的旧思维，各国应把本国利益同各国共同利益结合起来，一起携手共同建设合作共赢的美好世界。概而言之，"共谋全球生态文明建设"提倡的"天下大同"是将整个世界纳入天下范围，强调

---

① 习近平谈治国理政（第三卷）[M].北京：外文出版社，2020：314.

② 习近平.论坚持人与自然和谐共生[M].北京：中央文献出版社，2022：278.

③ 习近平.论坚持人与自然和谐共生[M].北京：中央文献出版社，2022：263.

④ 弘扬和平共处五项原则 建设合作共赢美好世界[N].人民日报，2014-06-29（2）.

实现全球各国"美美与共"离不开世界各国的共同努力。习近平总书记运用中国古代思想表达了中国历来团结友邻的传统，同时表达了新时代中国愿意与世界各国友好互助、加强协调、共同努力，把世界各国人民对美好生活的向往变成现实，共同建设清洁美丽世界和实现世界大同的坚强决心。

四、实践基础：中国在全球生态治理中的国际情怀和大国担当

面对全球生态危机，各国在气候变化、能源短缺、海洋污染等问题领域开展了一系列的交流合作，中国在全球生态治理中彰显出越来越深厚的国际情怀和负责任的大国担当。习近平总书记在党的十九大报告中明确指出，中国"引导应对气候变化国际合作，成为全球生态文明建设的重要参与者、贡献者、引领者"①。中国在参与全球环境治理的进程中不断积聚力量，实现角色蜕变，逐步实现了从旁观者、参与者、贡献者向重要引领者的转变。所谓"引领者"，区别于传统认知中带有隶属关系色彩、不平等地位的"领导者"。作为"引领者"，首先应当在该领域处于领先地位，能够积极发挥表率带头和示范作用，激发和影响其他主体的参与和行动热情，以责任担当促进全球公共利益的实现。中国不仅致力于在国内掀起一场生态文明建设领域的自我革命，促进经济社会发展的全面绿色转型，把建设美丽中国转化为全体人民的自觉行动，还在治国理政的伟大实践中将生态视野从区域和国家层面扩展到全球层面，从全人类生存发展的视角提出建设全球生态文明和清洁美丽世界的发展倡议，这是中国逐步成为全球生态环境治理的重要引领者的严正宣示。习近平总书记站在世界文明形态的演进、经济与社会的可持续发展、人民群众的民生福祉以及构建人类命运共同体的高度，在多次国际环境会议上主动向世界宣传中国政府全球生态合作的新思维和新举措，承诺中国将以最大的决心和责任担当，开展深入交流合作，互惠共赢，推动世界绿色发展，携手共筑美好地球家园。

---

① 习近平著作选读(第2卷)[M].北京：人民出版社，2023：5.

　　党的十八大至今，全球生态环境治理进程进入生态文明转型议程阶段，习近平总书记共谋全球生态文明建设之路开启了中国引领全球生态文明转型的主动作为进程。中国不仅在能源资源安全、海洋治理、荒漠化治理等全球环境合作治理领域取得了优异环保成绩，还在推动重要条约签订、应对全球气候变化、对外绿色援助、履约国际环境公约等方面发挥了引领示范作用。2012 年 6 月，中国首次对外发布《中华人民共和国可持续发展国家报告》，全面总结了中国实施可持续发展战略付出的努力和取得的进展，客观分析存在的差距和面临的挑战，明确提出今后的战略举措，在发展中国家群体中起到重要的带头示范作用。此时的中国在着力解决国内环境问题的同时，在国际气候治理中发挥更加积极主动的作用，帮助其他发展中国家提升应对气候变化的能力，展现了大国担当。值得一提的是，在 2013 年召开的第七届生态文明国际论坛上，有机马克思主义的代表人物小约翰·柯布公开表达了"生态文明的希望在中国"的重要观点，他认为，"在地球上所有的国家之中，中国最有可能引领其他国家走向可持续发展的生态文明"①，这从一个侧面也表明了中国行之有效的生态文明实践让世界看到了希望的曙光。客观而论，中国特色的"绿水青山就是金山银山"等生态文明理念和中国共产党领导和政府推动的生态环境治理实践已经取得了显著成效，其所拥有的正外部效应对全球生态环境治理和全球生态文明建设的推进做出了历史性贡献，得到了国际社会的广泛认可和高度赞誉。与此同时，与某些缺乏生态治理合作诚意的发达国家截然不同，中国坚定持续推进履行国际环境公约、兑现生态文明建设承诺、共享绿色国际公共产品，并用更高的标准要求自身的实践行动，打破了全球生态环境治理合作举步维艰的境况，体现了勇于担当的大国魄力。

　　习近平总书记深刻指出："要深度参与全球环境治理，增强我国在全

---

　　①　［美］菲利普·克莱顿，贾斯廷·海因泽克. 有机马克思主义——生态灾难与资本主义的替代选择［M］. 孟献丽，于桂凤，张丽霞，译. 北京：人民出版社，2015：2.

球环境治理体系中的话语权和影响力，积极引导国际秩序变革方向。"①应当看到，在新时代的语境下，生态文明国际话语权是整体国际话语体系构建的重要组成部分，生态文明建设水平代表着一个国家政治、经济、文化和社会发展的整体水平与实力，是一个国家综合国力和文明程度的表现。中国在国内的生态文明建设实践和在国际舞台上的积极作为，塑造了良好的国际生态形象，有利于打破长期以来形成的西方生态话语霸权，构建同我国综合国力和国际地位相匹配的中国生态文明国际话语体系。习近平总书记着眼于人类社会发展规律，深谙生态文明的代际正义问题，在国际场合中多次阐述"构建人类命运同体""坚持绿色发展""共建地球共同家园"等科学论断和先进理念，向世界传播中国生态文明话语，传递出了建设全球生态文明的先进之声，在全球生态环境治理的进程中焕发出强大力量。2015年11月，习近平主席出席巴黎气候变化大会开幕式，这是中国国家元首第一次出席《联合国气候变化框架公约》缔约方会议。习近平主席发表了题为《携手构建合作共赢、公平合理的气候变化治理机制》的重要讲话。在中国和其他国家的共同努力下，《巴黎协定》于2016年11月4日生效。2015年9月，习近平主席在联合国可持续发展峰会上宣布设立"南南合作援助基金"，2016年启动了气候变化南南合作的"十百千"项目。为了实现世界各国绿色发展机遇共享，中国联合"一带一路"沿线国家开展深入绿色基建、绿色能源、绿色金融等领域合作，完善"一带一路"绿色发展国际联盟、"一带一路"绿色投资原则等多边合作平台，让绿色切实成为共建"一带一路"的底色。在2020年世界卫生大会视频会议开幕式上，习近平总书记表示面对严峻的疫情形势，中国将在两年内提供20亿美元国际援助，用于支持受疫情影响的国家特别是发展中国家抗疫斗争以及经济社会恢复发展，并呼吁各方团结合作，共同佑护各国人民生命和健康，共同佑护人类共同的地球家园，共同构建人类卫生健康共同体。2020年11月，习近平主席在二十国集团领导人利雅得峰会"守护地球"主题边会的致辞中指出：

---

① 习近平谈治国理政(第三卷)[M]. 北京：人民出版社，2020：364.

"地球是我们的共同家园。我们要秉持人类命运共同体理念，携手应对气候环境领域挑战，守护好这颗蓝色星球。"[1]在 2020 年以来的诸多国际场合我国多次向国际社会郑重宣布，二氧化碳排放力争 2030 年前达到峰值，力争 2060 年前实现碳中和，指出中国要实现"双碳"目标需要付出艰苦的努力，已制定行动方案和采取具体措施，并认为这是对全人类有益的事情，中国就应该义不容辞去做，并且做好。中国这么做，是在用实际行动践行多边主义，为保护我们共同的家园、实现人类可持续发展做出贡献。概而言之，中国在推动国内生态环境治理的同时积极推进全球生态环境治理，在推动建设美丽中国的同时推动共建美丽世界，充分展现了以促进全人类永续发展为己任的大国担当与世界情怀，这是习近平总书记生态国际观形成的实践基础。

第二节　共谋全球生态文明建设的丰富内涵

习近平总书记关于共谋全球生态文明建设的重要论述是在新的世界格局下生成的时代新理念，不仅为解决日益严峻的全球生态危机做出了科学回答，而且为探索世界生态文明建设道路指明了前进方向。习近平生态国际观从认识论、价值论、方法论等多重视角，主要包含生态整体观、生态发展观、生态责任观和生态治理观等四个方面的丰富内涵，既集中体现了各国在参与全球生态治理合作中应遵循的科学思维和行为准则，又为协调环境与发展关系，推动全球可持续发展提供了科学指引，有利于形成对全球生态环境治理的整体性认知和共识性行动。

一、构建人类命运共同体的生态整体观

全球生态文明的产生最早可以追溯到工业文明时期，发达资本主义国家遭遇严重生态危机，相继发生了多起环境公害事件，损失巨大，其中最

---

[1]　习近平. 论坚持人与自然和谐共生[M]. 北京：中央文献出版社，2022：267.

为典型的是当时震惊世界的"八大公害事件"。1972 年联合国人类环境会议召开之后，世界范围内兴起了环境保护运动，人类的环保意识不断增强。在联合国的倡导下，各种双边性、区域性、全球性的环保会议不断召开，达成了无数的环保合作协议。可是，议而不决、决而不行、行而无果的问题依然存在，全球环境恶化状况并没有得到有效遏制，归根结底在于各国没有从思想上认识到世界只有一个地球，"环球同此凉热"，人类是一个命运共同体。全球生态文明建设的构想并没有在发达资本主义国家形成，而是在社会主义制度下的中国形成。西方发达资本主义国家通过无止境剥削进行资本原始积累，肆意攫取全球资源，破坏全球生态环境，很难自觉建设生态文明，更无法从全球视野出发来解决生态环境问题。习近平总书记深刻指出："面对生态环境挑战，人类是一荣俱荣、一损俱损的命运共同体，没有哪个国家能独善其身。"①建设全球生态文明要求世界各国携手合作，履行责任与义务，积极参与全球生态环境治理，推进全球生态文明建设。全球生态文明建设是与经济全球化相适应的新文明，全球生态文明是人类新型文明形态的重要内容。共谋全球生态文明建设不仅要传播全球生态文明建设理念，引导和完善全球生态文明建设的顶层设计，建设以合作共赢为导向的全球生态文明，还要积极构建人类命运共同体的生态整体观。

习近平总书记多次强调："人类是一个整体，地球是一个家园"②，"地球是人类唯一赖以生存的家园，珍爱和呵护地球是人类的唯一选择"③，"地球是人类的共同家园，也是人类到目前为止唯一的家园"④。2017 年 1 月，在联合国日内瓦总部演讲中，习近平总书记深刻指出："当今世界充满不确定性，人们对未来既寄予期待又感到困惑，世界怎么了、

---

① 习近平. 论坚持人与自然和谐共生[M]. 北京：中央文献出版社，2022：231-232.

② 习近平谈治国理政(第四卷)[M]. 北京：人民出版社，2022：424.

③ 习近平谈治国理政(第二卷)[M]. 北京：人民出版社，2017：538.

④ 习近平谈治国理政(第三卷)[M]. 北京：人民出版社，2020：434.

我们怎么办？这是整个世界都在思考的问题……我们要为当代人着想，还要为子孙后代负责……中国方案是：构建人类命运共同体，实现共赢共享。"①面对全球生态环境危机出现的治理赤字，习近平总书记跨越国度，超越民族与国家的利益，站在为保障全人类生存安全和实现全人类长远发展的角度，提出了"人类命运共同体"的理念，这一理念的提出在国际社会上产生了巨大反响。人们开始意识到要解决全球生态危机，仅靠一国之力无法达成，全球生态文明建设必须由全人类共同努力来实现。同年10月，习近平总书记在党的十九大报告中明确提出了构建人类命运共同体的五大支柱，即"建设持久和平、普遍安全、共同繁荣、开放包容、清洁美丽的世界"②。其中，建设清洁美丽的世界既是构建人类命运共同体的重要生态向度，又是针对全球生态环境挑战给出的中国答案。同年12月，习近平总书记在中国共产党与世界政党高层对话会上还对何谓人类命运共同体作过专门的解释："人类命运共同体，顾名思义，就是每个民族、每个国家的前途命运都紧紧联系在一起，应该风雨同舟，荣辱与共，努力把我们生于斯、长于斯的这个星球建成一个和睦的大家庭，把世界各国人民对美好生活的向往变成现实"③，并指出，"在可预见的将来，人类都要生活在地球之上。这是一个不可改变的事实。我们应该共同呵护好地球家园"④。地球是人类的共同家园，只有携手合作，才能实现人类的长远发展。人类命运共同体不仅为解决全球生态危机提供了更多想象空间，又使建设美丽世界的生态目标有了更加清晰的发展图景。

从构建人类命运共同体和人与自然和谐共生的视角来理解清洁美丽世界建设，包含了多重含义。首先，清洁美丽世界并不仅仅是作为一个环境领域的概念而存在，它与经济、政治、文化、社会等其他方面相互影响、相互促进、相得益彰，共同构建为人与自然和谐共生的生命共同体。其

① 习近平谈治国理政(第二卷)[M].北京：人民出版社，2017：537-539.
② 习近平著作选读(第2卷)[M].北京：人民出版社，2023：48.
③ 习近平谈治国理政(第三卷)[M].北京：人民出版社，2020：433.
④ 习近平谈治国理政(第三卷)[M].北京：人民出版社，2020：435.

次，清洁美丽世界需要世界各国对传统工业文明进行深刻反思，解决好传统工业文明带来的矛盾，把人类的活动限制在生态环境能够承受的限度内，以绿色转型为驱动，建立绿色循环低碳经济体系，把生态优势转化为发展优势，推动全球可持续发展，才能真正建设清洁美丽世界。最后，清洁美丽世界作为人与自然和谐共生的现实表征，既是一个强调敬畏自然、尊重自然、顺应自然和保护自然的清洁美丽世界，又是一个把人类的安全、发展、健康和幸福等作为基本价值追求的和谐美丽世界，最终寻求实现"自然—经济—社会"复合系统的可持续发展，用习近平总书记的话语来表达，就是"共建地球生命共同体"。共建地球生命共同体是对全球生态环境危机的主动应对，为全球生态文明建设提供了理念指引和实践路径，有利于促进世界各国协同治理，携手描绘清洁美丽世界的生动图景。

二、树立绿水青山就是金山银山的生态发展观

要建设清洁美丽世界，人类社会必须从理念和实践两个层面对其生产生活方式进行深刻的调整和变革。这意味着不仅要牢固树立人与自然和谐共生的理念，而且要在实践上将理念寓于生产和生活之中，实现人类社会生产生活方式的根本性变革。长期以来，在保护生态环境与经济社会发展之间寻找平衡一直是世界各国难以逾越的两难悖论，而习近平总书记提出的"绿水青山就是金山银山"的重要思想为其给出了答案，指出二者之间不是此消彼长的关系，而是辩证统一、相辅相成的。习近平总书记站在促进全人类长远发展的高度，多次出席应对气候变化等国际会议，向世界传递"绿水青山就是金山银山"的生态理念，指出"良好生态环境既是自然财富，也是经济财富，关系经济社会发展潜力和后劲"①。2016 年 5 月，中国向全球发布《绿水青山就是金山银山：中国生态文明战略与行动》的报告，向世界传递了中国在建设生态文明与推动绿色发展方面的决心和成效，这是对我国生态文明建设理论与实践的总结，具有鲜明的世界意义。同时，习

---

① 习近平. 论坚持人与自然和谐共生[M]. 北京：中央文献出版社，2022：292.

近平总书记还指出要加快形成绿色低碳的发展方式，促进经济发展和环境保护的双赢，构建经济与环境协同并进的绿色家园。

2015年9月，习近平总书记明确指出："共谋全球生态文明建设之路，牢固树立尊重自然、顺应自然、保护自然的意识，坚持走绿色、低碳、循环、可持续发展之路。"①2017年1月，习近平总书记深刻指出："我们要倡导绿色、低碳、循环、可持续的生产生活方式。"②由此可见，绿色发展、低碳发展、循环发展和可持续发展是习近平总书记秉持的生态发展观的主要内容。其一，绿色发展是建设清洁美丽世界的发展理念和现实规定。绿色发展的实质是清洁生产，注重从源头上节能减排，不仅有利于缓解当前严峻的生态危机，更为全球生态文明建设提供了一条科学的发展道路。当前人类社会之所以面临严峻的生存环境危机，深层次的原因在于对人与自然关系的错误认知。"杀鸡取卵、竭泽而渔的发展方式走到了尽头，顺应自然、保护生态的绿色发展昭示着未来。"③要建设清洁美丽的世界，必须实现人类发展理念的绿色变革，习近平总书记一语中的："人类需要一场自我革命，加快形成绿色发展方式和生活方式，建设生态文明和美丽地球。人类不能再忽视大自然一次又一次的警告，沿着只讲索取不讲投入、只讲发展不讲保护、只讲利用不讲修复的老路走下去。"④其二，低碳发展是建设清洁美丽世界的基本要求和现实路径。低碳发展的基本理念是减少温室气体的排放，是以低碳排放为特征的发展，是世界各国应对气候变化的共同选择。2020年9月，习近平总书记在第七十五届联合国大会一般性辩论中郑重宣布中国"双碳"目标，并积极承诺将"双碳"目标纳入国家经济社会发展规划和生态文明建设整体布局。毋庸置疑，"双碳"目标是应对全球气候变化的重要措施，对于保护生态环境、推动绿色发展具有重要意义。同年12月，习近平总书记在气候雄心峰会上又进一步强调："要大力

① 习近平. 论坚持人与自然和谐共生[M]. 北京：中央文献出版社，2022：92.
② 习近平谈治国理政(第二卷)[M]. 北京：人民出版社，2017：544.
③ 习近平谈治国理政(第三卷)[M]. 北京：人民出版社，2020：374.
④ 习近平. 论坚持人与自然和谐共生[M]. 北京：中央文献出版社，2022：252.

倡导绿色低碳的生产生活方式，从绿色发展中寻找发展的机遇和动力。"①中国的低碳目标及行动，既是中国推动建设清洁美丽世界的重要措施和直接行动，又为全球形成低碳发展潮流注入强大动能，必将对全球气候治理产生变革性影响。其三，循环发展是建设清洁美丽世界的发展方式和主要渠道。循环发展的基本理念是在生产过程中尽可能节约资源和实现资源的重复利用，把对资源的线性利用转化为对资源的环线利用，其基本要求就是资源要在国家经济社会体系中不断被充分和反复利用。自然界是人类社会赖以存在发展的基础，人类既从自然界获取生活资料和生产资料，又向自然界排放生产生活垃圾，造成资源短缺和环境破坏。面对这一现实困境，2023 年 7 月，习近平总书记深刻指出："要站在人与自然和谐共生的高度谋划发展，通过高水平环境保护，不断塑造发展的新动能、新优势，着力构建绿色低碳循环经济体系，有效降低发展的资源环境代价，持续增强发展的潜力和后劲。"②这即是说，要努力实现高质量发展与高水平保护的关系，这里的"高水平环境保护"，其实质就是尽可能减少对环境的破坏，实现对资源的充分利用，是循环发展的内在要求。其四，可持续发展是建设清洁美丽世界的直接目标和必然选择。坚持可持续发展，不仅仅意味着不能以牺牲生态环境和自然资源来换取一时的经济发展，更意味着不能以牺牲子孙后代的长远利益来满足当代人的短期发展需求。

三、坚持共同但有区别的生态责任观

共同但有区别的生态责任原则是全球气候治理的基石，全球气候变暖是温室气体累积排放的结果，共同但有区别的生态责任观为阐释习近平生态国际观奠定了基调。1972 年在斯德哥尔摩召开的人类环境会议通过的《人类环境宣言》明确指出："在发展中国家，环境问题大半是由于发展不

---

① 习近平. 论坚持人与自然和谐共生[M]. 北京：中央文献出版社，2022：270.
② 全面推进美丽中国建设 加快推进人与自然和谐共生的现代化[N]. 人民日报，2023-07-19(1).

足造成的……在工业化国家里，环境问题一般同工业化和技术发展有关……我们在决定世界各地行动的时候，必须更加审慎地考虑它们对环境产生的后果……环境问题的种类越来越多，因为它们在范围上是地区性或全球性的，或者因为它们影响着共同的国家领域，应该要求国与国之间广泛合作和国际组织采取行动以谋求共同的利益。"①由此看来，共同但有区别的生态责任原则早在人类环境会议中就被间接提出，主要强调共同应对全球环境问题，改善环境质量和创造美好生活的环境目标是全世界每一个公民、每一个国家都不可推卸的共同责任。应对全球生态环境的挑战，没有哪一个国家能够退回到一个孤岛上，必须要求全球各个国家加强国际合作，共同承担和共同应对，才能共同守护好我们人类共有的地球家园。习近平总书记站在人类命运共同体的高度，对"共同但有区别"这一生态责任原则作了创新性的阐释，提出了各国生态环境治理责任的新要求，赋予生态责任观以全新的时代内涵，得到了国际社会的广泛认同。

　　坚持共同但有区别的生态责任原则对于全球生态环境治理发挥着重要作用。"共同但有区别"蕴含着两层含义。一是要压实"有区别的责任"。从历史角度来看，发达国家较早进入工业文明，先于发展中国家开发利用了更多的自然资源，也造成了更多的生态环境问题；从治理能力来看，发达国家绿色技术成熟，资金雄厚，而许多发展中国家还面临着发展不足等问题，生态环境治理能力差距较大。因此，不同发展水平的国家所享受的权利与所承担的义务的分配应保持合适。在"有区别的责任"原则推动下，根据国家发展状况和现实治理能力进行相应生态治理责任的合理区分，拒绝"一刀切"的单一分配方式。2015 年 10 月，习近平总书记在接受路透社记者采访时指出："气候变化是全球性挑战，任何一国都无法置身事外。发达国家和发展中国家对造成气候变化的历史责任不同，发展需求和能力也存在差异。就像一场赛车一样，有的车已经跑了很远，有的车刚刚出发，

---

　　①　曲格平，彭近新．环境的觉醒：人类环境会议和中国第一次环境保护会议［M］．北京：中央环境科学出版社，2010：144-145．

这个时候用统一尺度来限制车速是不适当的，也是不公平的……共同但有区别的责任、公平、各自能力等重要原则，也是广大发展中国家的共同心愿。"①同年 11 月，习近平总书记在气候变化巴黎大会开幕式上还明确指出："发达国家和发展中国家的历史责任、发展阶段、应对能力都不同，共同但有区别的责任原则不仅没有过时，而且应该得到遵守"；"应该尊重各国特别是发展中国家在国内政策、能力建设、经济结构方面的差异，不搞一刀切。……不应该妨碍发展中国家消除贫困、提高人民生活水平的合理需求"②。这即是说，由于发达国家与发展中国家在经济发展阶段、全球环境问题的历史责任、各国生态治理进程以及生态治理的能力和水平等方面均存在较大的差距，在不同的国家之间用统一的标准、尺度、水平来整齐划一确定责任显然是不科学和不合理的。全球生态环境治理应在承认各国发展的主体性差异的前提下，合理分担相对应的生态环境治理责任。

二是要明确"共同的责任"。生态环境问题表面上看是一个区域性问题，但由于生态系统的整体性和系统性特征，生态环境问题实质上又是一个全球性问题。世界各国"风月同天""环球同此凉热"就是这个道理。从应然的角度来讲，全世界各国人民平等地共享地球资源，按照权利与义务相一致的原则，全世界各国应共同参与生态环境治理，各国人民要共同担负起保护地球家园的生态道德责任。然而从实然的角度而言，总有一些国家采取观望甚至漠视的态度，只想让别的国家采取行动，自己"免费搭车"，坐享其成，但因为全球公共生态产品的特殊性，因此要坚决杜绝各国"各扫门前雪"的短视行为和"以邻为壑"的破坏行为。同时，"共同的责任"还意味着"共同的参与"和"共同的行动"。应积极贯彻世界各国共同地参与国际生态法律文件、公约协定的制定和执行，积极关注发展中国家的生态合理关切和社会发展需要，引领广大发展中国家在全球生态治理中承担起应有的责任和做出应有的贡献。习近平总书记深刻指出："坚持共同但有区

---

① 习近平. 论坚持人与自然和谐共生[M]. 北京：中央文献出版社，2022：99.
② 习近平. 论坚持人与自然和谐共生[M]. 北京：中央文献出版社，2022：115.

别的责任等原则，不是说发展中国家就不要为全球应对气候变化作出贡献了，而是说要符合发展中国家能力和要求。"①历史和现实证明，发达国家对全球生态危机难辞其咎，它们把工业污染严重的企业转移到发展中国家，清洁了本国环境却污染了他国环境。发展中国家处境艰难，既要承受生态环境恶化带来的苦果，还要解决本国的贫困问题，在应对全球生态治理上处于劣势。这即是说，发达国家和发展中国家在全球生态治理进程中都要承担"共同的责任"，但又是"有区别的责任"。发达国家应充分运用自身在经济发展和生态科技的优势，在全球生态治理上多作表率，同时，发展中国家则需要对全球生态治理做出符合自己能力和要求的贡献。诚如习近平总书记所说的那样："我们要充分肯定发展中国家应对气候变化所作贡献，照顾其特殊困难和关切。发达国家应该展现更大雄心和行动，同时切实帮助发展中国家提高应对气候变化的能力和韧性，为发展中国家提供资金、技术、能力建设等方面支持，避免设置绿色贸易壁垒。"②

由此可见，习近平总书记对"共同但有区别"生态责任原则的全新解读，侧重于提倡世界各国要转变零和博弈的狭隘思维，强调把全人类紧密联系在一起，不论国家发展的先进落后都要共担保护地球家园的责任。同时他还对全球生态治理中各方责任落实提出了具体要求：一方面敦促发达国家兑现减排承诺的同时要做出表率积极帮助广大发展中国家进行环境治理，并提供资金、技术方面的支持，使发展中国家不因减排而延缓脱贫进程。另一方面，发展中国家也要在符合自身能力水平和发展要求的基础上积极参与全球生态治理，努力提升自身生态治理能力，为全球绿色发展贡献力量。这即是说，"共同但有区别"的生态责任原则，不仅否定了西方国家将生态治理责任同等化的片面观点，而且"合理适当地调节和平衡了环境资源使用权益上的划分和环境保护义务上分担的现实矛盾"③，有效地处

① 习近平. 论坚持人与自然和谐共生[M]. 北京：中央文献出版社，2022：99.
② 习近平. 论坚持人与自然和谐共生[M]. 北京：中央文献出版社，2022：276.
③ 龚天平，饶婷. 习近平生态治理观的环境正义意蕴[J]. 武汉大学学报（哲学社会科学版），2020(1)：5-14.

理好全球生态治理中的利益和责任不均衡等严重问题，从而推动国际生态环境治理进程朝着更加公平正义、公正合理、合作共赢的方向发展。

四、秉持共商共建共享的生态治理观

当代世界各国之间已经成为一个利益高度交融、命运休戚与共的共同体，利益共赢共享已成为这一共同体的基本原则，合作共商共建成为这一共同体的具体行动。因此，各国在追求本国生态利益时应兼顾他国生态利益关切，在致力于本国发展的同时应积极促进各国共同发展，建立平等均衡的全球生态治理体系。但是，当前西方发达国家主导的全球生态环境治理，主要是基于资本逻辑和工具理性的"单向度"的治理格局，它不仅无法从根本上破解全球生态危机的顽疾，反而制造了经济和生态的双重"中心—边缘"态势。作为中心的发达国家通过污染转移和贸易进口等攫取全球利润却不用破坏本国资源和环境，而发展中国家却以牺牲资源和环境污染为代价换取微薄的经济利益，西方发达国家的"生态殖民主义"或"生态霸权主义"的丑恶行径也从侧面反映了西方生态环境理念指导下的全球生态环境治理的效果不彰和公平缺位。[1] 基于此，共谋全球生态文明建设要以增进全人类的共同利益为出发点，主张共商共建共享的治理原则，致力于克服资本逻辑和损人利己的民族主义，这是促进和维护国际环境正义的明智之举。国际环境正义不是某几个国家或地区间权利与义务的瓜分、均衡游戏，而是全球国家与国家间、地区与地区间的正义。习近平总书记在党的十九大报告中深刻指出："中国秉持共商共建共享的全球治理观"，"中国将继续发挥负责任大国作用，积极参与全球治理体系改革和建设，不断贡献中国智慧和力量"[2]。在党的二十大报告中，习近平总书记又进一步重申："中国积极参与全球治理体系改革和建设，践行共商共建共享的

---

① 肖兰兰.习近平关于共谋全球生态文明建设重要论述的科学体系[J].思想教育研究，2023(10)：3-9.

② 习近平著作选读(第2卷)[M].北京：人民出版社，2023：49-50.

全球治理观……推动全球治理朝着更加公正合理的方向发展。"①全球生态环境治理作为全球治理体系中不可或缺的重要组成部分，同样遵循共商共建共享的科学理念，坚持共商共建共享的基本准则也是贯彻国际环境正义价值原则的不二选择。

共商主要指坚持开放原则，要求生态治理主体相互尊重和共同协商。秉持相互尊重的基本态度并以对话协商的方式来进行全球生态治理合作，让各方积极发言，充分考虑各方的意见和建议，在全球生态治理进程中呈现共同商量的开放局面，不能出现各自为政的封闭治理情况，包括开放治理理念、治理政策和治理机制。不管在经济制度、政治体制、意识形态、文化传统等方面存在多大差异，各参与国都要采取对话的方式对各种生态环境问题进行平等磋商，要尊重各方意见，兼顾各方利益，坚持同舟共济、权责共担，集思广益地参与谈判及制定的生态环境公约，共同推动国际环境法律责任的落实。

共建主要是坚持合作原则，要求生态治理主体共同参与和通力协作。"共建"以"共商"为基本前提，强调不同国家主体在应对全球生态危机时，需要携手行动，通力协作，广泛凝聚全球绿色发展的价值共识，从而形成强大的全球生态治理合力，共同建设清洁美丽的世界。习近平总书记深刻指出："面对全球环境风险挑战，各国是同舟共济的命运共同体，单边主义不得人心，携手合作方为正道。"②维护生态安全是全球面临的共同挑战，世界各国必须摒弃单边主义的传统逻辑，坚持多边主义，携手合作，最大限度地展示诚意、凝聚共识、汇集力量，共同推动全球生态环境治理实现广度与深度、经济发展与环境保护的双向拓展。在全球生态环境治理中，强调共建的核心和关键就是最大限度地调动世界各国和各行为体的积极性、主动性和参与度，强调所有国家的责任共担，力求在发达国家和发展中国家之间、在经济发展和生态环境保护之间达到动态平衡。

---

①　习近平著作选读(第1卷)[M].北京：人民出版社，2023：51.

②　习近平.论坚持人与自然和谐共生[M].北京：中央文献出版社，2022：261.

　　"共享"主要指坚持共赢原则，强调生态治理成果共同见证和共同享有。"共享"不仅意味着全球生态治理需要世界各国的多方参与和共同努力，而且意味着改善全球生态环境的治理成果与成功经验更需要世界各国共同享有，让生态环境治理的成果更好更多地惠及世界各国和各族人民，从而有效共同推动全球生态文明建设。也就是说，"共享"不是一方独享独占，而是多方共赢多赢，而且"共享"不仅仅是过程的共享，还包括结果的共享，要求世界各国和各族人民共享发展平台和发展机遇，共享生态治理的成果和成效，共享全球生态安全和绿色家园。

　　概而言之，"共商"原则是全球生态环境治理的前提和基础，"共建"原则是全球生态环境治理的关键和核心，"共享"原则是全球生态环境治理的价值旨归。更进一步说，"共商"原则更加强调世界各国应始终秉持尊重意识，突出在全球环境治理和绿色发展上国际间合作的平等性；"共建"原则更加强调世界各国应始终秉持危机意识，并自觉投身国际生态环境保护之中；"共享"原则更加彰显立足人类命运共同体意识，共同见证和共同享有创造清洁美丽世界的普惠性。共商共建共享的基本原则，不仅彰显了习近平总书记在全球生态治理上的前瞻性见解，而且为未来生态环境领域的国际性合作指明了前进方向。因此，只有坚持共商共建共享的行动原则，才能从根本上克服不同利益诉求的国家和民族之间的矛盾和冲突，从而顺利推进共谋全球生态文明建设，把全球的倡议变成具体的行动，把世界各国描绘的美好愿景变成世界人民憧憬的美好现实。

第三节　共谋全球生态文明建设的世界意义

　　习近平总书记关于共谋全球生态文明建设的重要论述来源于马克思主义生态思想，在与全球实际情况相结合的过程中，开辟了马克思主义生态思想的新境界，发展了中国特色社会主义生态文明思想，为构建全球生态文明理论提供了中国智慧。习近平总书记关注全球化时代人类的生存境遇，创造性地提出了"共谋全球生态文明建设"的新理念，旨在应对全球生态危机和全球环境治理困境，这一倡议能够有效凝聚起全球生态文明建设的国际共识，以其博大的智慧、宏阔的视野和宽广的胸襟为全球生态文明建设提供全新解答，为推进全球生态环境治理贡献中国方案，为共同建设清洁美丽世界注入中国力量。同时，这一思想主张不仅继承和发展了马克思主义历史观、生态观和文明观，而且深深根植于源远流长、博大精深的中华文明，具有深厚的文明底蕴和悠久的文化传统，推动构建人类命运共同体，致力于建设持久和平、普遍安全、共同繁荣、开放包容、清洁美丽的世界，成为推动人类发展进步的重要力量，为创造人类文明新形态提供中国范式，不仅开启了中华文明发展的新时代，同时也开启了人类文明发展的新纪元。

一、为构建全球生态文明理论提供中国智慧

马克思主义理论形成的时期，资本主义处于上升时期，社会生产力获得迅猛发展，西方发达国家对生态环境的破坏和对自然资源的肆意攫取都达到了史无前例的高度，与此同时，人与人之间的关系激化同样达到了不可调和的程度。马克思、恩格斯在深度考察资本主义制度下人类与自然以及人类本身"双重矛盾"的基础上，提出了"人类与自然的和解以及人类本身的和解"，并从整体性角度去思考全球生态的未来愿景。马克思、恩格斯深刻揭示了由于资本主义生产的盲目扩张，带来了资源过度消耗、环境污染恶化、人居环境堪忧等世界难题，引发全球性的生态危机。整个西方资本主义工业革命，无异于一场对自然界的"无情宣战"。在马克思、恩格斯看来，资本扩张的无限性与自然资源的有限性之间的矛盾是不可调和的，资本主义生产方式已经成为人与自然和人类本身矛盾的总根源，资本扩张的"生态悖论"使得生态恶化成为资本主义制度的天生缺陷。换言之，不管现代科技如何进步，只要资本主义制度不发生革命性的变化，那么人与自然和人类本身的"双重矛盾"是无解的。恩格斯在《国民经济学批判大纲》中曾指出："他（经济学家）瓦解一切私人利益只不过替我们这个世纪面

临的大转变，即人类与自然的和解以及人类本身的和解开辟道路。"①在《1844 年经济学哲学手稿》中，马克思指出，人与自然的双重矛盾根源在于"劳动异化"，只有"共产主义"才能解决这个矛盾，因为"共产主义，作为完成了的自然主义，等于人道主义，而作为完成了的人道主义，等于自然主义，它是人和自然界之间、人和人之间的矛盾的真正解决"②。这即是说，马克思、恩格斯把解决人与自然和人类本身的"双重矛盾"的希望寄托于未来的新的社会制度，只有扬弃私有制和资本主义制度，才能真正实现"人类与自然的和解以及人类本身的和解"。现在的问题是，当前"我们依然处在马克思主义所指明的历史时代"，资本主义依然占据优势地位，在社会主义与资本主义"两制并存"的大背景下，实现"两个和解"尚须经历一个较长的历史时期。在这样的特定历史阶段，在对生态资源的占有、生态环境的治理等多方面必然存在不均衡性与不公平性，发达国家与发展中国家之间必然会存在矛盾与冲突。因此，如何找到一个各方都能接受的平衡点，重塑全球生态文明，就成为当前亟须回应的一个重大的理论课题。③

现代世界历史源于最原始的资本积累，由于生产力的普遍发展，由此促使世界各国之间的频繁交往，在此过程中逐渐形成了经济全球化。由于世界市场的开拓、领地的不断开辟和资本的大肆扩张，使得资本主义生产方式引发的地域性和区域性的生态危机也逐渐蔓延成为全球性的生态危机。随后，在全世界范围内，许多国家与地区都在试图寻求破解生态危机的良方妙药，也随之促进了许多形形色色生态文明理论的生成，比较有代表性的有英国经济学家加勒特·哈丁提出的"公地悲剧"、美国学者格罗斯曼和克鲁格提出的"环境库兹涅茨倒 U 形曲线"、澳大利亚学者约翰·德赖泽克的"地球政治学"等。尽管这些西方生态文明理论都无一例外地提到不应以牺牲自然和生态为代价发展社会经济的观点，但是大多仍然是站在资

---

① 马克思恩格斯文集(第 1 卷)[M]. 北京：人民出版社，2009：63.
② 马克思恩格斯文集(第 1 卷)[M]. 北京：人民出版社，2009：185.
③ 李包庚. 走向生态正义的人类命运共同体[J]. 马克思主义研究，2023(3)：130-140.

本主义的视角来看待生态环境问题，同时在应对层面上也缺乏相应的生态环境治理的可行性措施。

在当前百年未有之大变局下，世界形势风云变幻，全球化趋势一方面加速了世界各国经济的发展，另一方面使得生态环境治理成为当下棘手的全球性难题。习近平总书记结合全球生态环境问题，对国外生态文明理论进行了借鉴和扬弃，并有效吸收了中华优秀传统文化的生态智慧，丰富和发展了马克思主义生态思想，探索出了一条全球生态环境治理的崭新路径。习近平总书记把马克思主义所强调的无产阶级扩大到全人类，即世界上每个国家、每个民族、每个人都是全球生态文明建设的主体，同时将马克思主义的世界历史观、生态自然观与当代全球生态文明建设紧密结合，从而提出了人类命运共同体的生态整体观、绿水青山就是金山银山的生态发展观、共同但有区别的生态责任观以及共商共建共享的生态合作观。概而言之，习近平总书记的共赢国际观是在推动构建人类命运共同体的时代背景下，立足马克思主义生态思想并实现了其中国化时代化的守正创新，无疑为构建全球生态文明理论贡献了中国智慧。

二、为推进全球生态环境治理贡献中国方案

当今世界，伴随经济全球化的日益加深，国家与国家、地区与地区之间的交往越来越密切，各国、各地区之间的合作越来越深入，但如何交流合作以及怎样实现共赢多赢一直是困扰各国形成共识的难题。与此同时，生态危机也迅速蔓延并超越国界，成为各国面临的又一大难题。美国经济学家莱斯特·R. 布朗深刻指出："在这 21 世纪之初，我们的经济正在慢慢地毁坏其支持系统，消耗地球赠给我们的自然资本。"①由此可见，地球是人类赖以生存和发展的共同家园，生态环境问题永远不局限于一国或一区域，它不仅是西方发达国家经济发展关注的重要议题，同时还是欠发达

---

① ［美］莱斯特·R. 布朗. 生态经济：有利于地球的经济构想［M］. 林自新，戢守志，等，译. 北京：东方出版社，2002：6.

国家和地区寻求继续发展亟须关注的重要话题。毋庸置疑的是，当前全球生态治理体系仍然是以西方发达国家为主导的，但西方发达国家更看重局部利益、当前利益和自我利益，在参与全球生态治理的过程中它们更倾向于保护自己的眼前利益，而将生态风险和生态灾难转嫁给经济欠发达的国家和地区。西方发达工业国家在生态环境问题上对发展中国家的无端指责，纯粹是推卸责任的虚妄之词。受自然规律的作用，环境问题具有漫长的累积性和超越国界的扩散性，① 正如美国环境政治学家丹尼尔·A. 科尔曼所揭露的："多数的环境破坏，特别是那些具有全球后果的环境破坏，却由人口相当稳定的工业国一手造成……不幸的是，发达国家造成的环境影响多由第三世界的穷国来消受。"②今天享受着优美舒适的生态环境的西方发达国家，曾经对第三世界国家造成严重的生态环境问题，现在仍以牺牲他国环境利益来谋求自身的发展。西方发达国家对发展中国家的"生态殖民"或"生态霸权"的丑恶行径直接导致欠发达国家和地区在全球生态治理中处于劣势甚至弱势地位，也势必影响其参与生态全球治理的态度、动力和热情。试想一下，如果全球生态治理不能形成一种公平、公正、合理、有序的体系和格局，那么全球性的生态问题就难以从根本上得到有效解决。

习近平生态国际观主张以全球化视角看待生态环境问题，秉持相互尊重、公平正义、合作共赢的基本原则，针对解决全球生态危机和全球生态治理中存在的不公平、不合理现象而明确提出的。习近平总书记提出构建人类命运共同体的理念，这是中国贡献给世界的非常具有中国智慧的全球治理方案，它继承了中华优秀传统文化中天下观和宇宙观的精髓，同时又对其进行了创造性转化和创新性发展。中国人有自己的天下观和宇宙观，从《尚书》的"协和万邦"到《周易》的"万国咸宁"，从《论语》的"四海之内

① 陈翠芳，李小波. 生态文明建设的主要矛盾及中国方案[J]. 湖北大学学报（哲学社会科学版），2019(6)：22-28.
② ［美］丹尼尔·A. 科尔曼. 生态政治：建设一个绿色社会[M]. 梅俊杰，译. 上海：上海译文出版社，2002：8.

皆兄弟"到《礼记》的"天下为公"，习近平总书记所倡导的"人类命运共同体"与这一天下观和宇宙观既一脉相承又与时俱进。构建人类命运共同体理念，突破了国家与国家之间的地域局限，倡导和平发展和共同发展，在谋求本国发展的同时也要促进各国发展，是对全人类整体利益的通盘考量，符合全球化治理新思维和新趋势。习近平总书记关于共谋全球生态文明建设的重要论述正是在人类命运共同体的理念下发展起来的，是人类命运共同体理念在生态环境领域的伟大理论与实践成果。生态环境具有整体性、联系性的特点。在生态环境面前，全球是一个大系统、大整体，环境的影响无国界，任何一处、一环出现问题、受到危害，都会牵一发而动全身，进而影响到其他国家、地区的生态环境。世界各族人民头顶同一片蓝天，脚踩同一块大地，平等享有利用自然资源的权利，因此，保护人类共同的地球家园不仅仅是某些国家或地区的责任，更需要世界各个国家及地区超越地理局限，共担保护自然环境、创造人类美好生活的责任。为凝聚共识，习近平总书记在众多外交场合强调"命运共同体"思维，呼吁世界各国"共同呵护好地球家园""共同保护不可替代的地球家园""共同医治生态环境的累累伤痕""共同营造和谐宜居的人类家园"①。与此同时，全球生态环境治理需要推动国际社会观念领域的深刻变革，进行一次彻底的绿色革命。习近平总书记在世界场合多次明确提出"绿水青山就是金山银山"的新理念，这一理念朴素易懂、直观形象，深刻表达了经济发展与环境保护具有对立统一又协调一致的辩证关系，有力破解了人类工业化、现代化如何避免以破坏环境为代价的难题，塑造了新型工业化、现代化，为人类寻找到正确的发展道路，对全球生态文明建设提供了新的想象空间。除此之外，习近平生态国际观所秉持的多边主义原则，蕴含着携手合作和共赢多赢的整体思维和系统思维，旨在凝聚全球生态环境治理的合力，摒弃了"零和博弈"的狭隘思维，有利于全球自然资源的优化配置，强化了国际生态协同合作的关系，而共同但有区别的原则，明确了世界各国各方的具体

---

① 习近平谈治国理政(第三卷)[M]. 北京：外文出版社，2020：435.

责任，有效防止了互相推诿、风险转嫁等情况的发生，确保了全球生态环境治理的有序进行，为解决全球生态问题提供了可行性策略，这些新理念的提出具有划时代的世界意义，为推进全球生态环境治理贡献了中国方案。

三、为共同建设清洁美丽世界注入中国力量

当代经济和生态环境问题的全球化，将人类的利益和命运紧紧联系在一起，构成了现实的命运共同体。生态环境问题的跨国界蔓延，危及全人类的共有家园，需要世界各国同舟共济、携手合作、共同应对。习近平总书记深刻指出："生态文明建设关乎人类未来，建设绿色家园是人类的共同梦想，保护生态环境、应对气候变化需要世界各国同舟共济、共同努力，任何一国都无法置身事外、独善其身。我国已成为全球生态文明建设的重要参与者、贡献者、引领者，主张加快构筑尊崇自然、绿色发展的生态体系，共建清洁美丽的世界。"①进入新时代以来，中国加入到全球生态文明建设的重要国家行列中，发挥了全球生态文明建设行列的参与者、贡献者和引领者作用，对全球生态文明建设不仅贡献了构建人类命运共同体的未来构想，而且为共同建设清洁美丽世界注入了强大的中国力量。

党的十八大以来，以习近平同志为核心的党中央高度重视生态文明建设，并将其纳入中国特色社会主义事业"五位一体"总体布局和"四个全面"战略布局，全面加强生态文明建设，坚定贯彻绿色发展理念，强调人与自然和谐相处，促进经济社会发展的全面绿色转型。扎实推进本国生态治理实践，一体推进山水林田湖草沙冰的系统治理，实施主体功能区战略、严守生态保护红线、构筑绿色生态保护屏障、推进重大生态修复工程等，开展了一系列根本性、开创性、长远性的工作，生态文明建设取得根本性突

---

① 习近平. 论坚持人与自然和谐共生［M］. 北京：中央文献出版社，2022：13-14.

破和历史性的成效，有力破解了我国资源约束趋紧、环境污染严重、生态系统退化等突出问题。全国各地因地制宜，扎实推进中国特色社会主义生态文明建设，绿色经济加快发展，能耗物耗不断降低，浓烟重霾有效抑制，黑臭水体明显减少，城乡环境更加宜居，绿水青山就是金山银山的理念成为全党全社会的共识和行动，开启了一条行之有效、行稳致远的具有中国特色的生态治理现代化之路，充分体现了中国在推进全球生态环境治理中的战略定力和坚定决心，其基本经验和重大成就可以为国际社会积极推进生态治理实践，寻求经济社会的协调发展、科学发展和可持续发展贡献中国方案。同时鉴于生态安全的关键性，中国将生态安全纳入总体国家安全观，赋予生态安全与政治安全、经济安全、军事安全的同等地位，从国家安全的战略高度来关注生态安全，并站在人类命运共同体的高度，在多边主义框架中，构建起生态安全保障机制，在生态安全领域贡献中国力量，在全球环境治理中树立负责任的大国形象。

伴随综合国力和国际影响力的不断增强，我国生态话语权不断提升，参与全球生态环境治理的能力显著提高。中国不仅根据自身条件，努力解决本国生态环境问题，美丽中国建设不断迈上新台阶，同时携手国际社会共同应对环境问题，成为全球生态环境治理方案的重要推动者和共建清洁美丽世界的重要贡献者。中国从国际生态峰会的参与者到主办方，多次在国际峰会上表明中国在生态环境治理方面的立场和观点，向世界宣扬了中国治理生态环境问题的举措与方案，向世界表明了中国坚持走绿色可持续发展道路的决心与雄心。在气候治理方面，发布《2030年前碳达峰行动方案》，策划落实中国碳达峰、碳中和"1+N"政策体系的一整套详细计划，促进落实全球碳减排目标承诺，这为其他国家治理气候问题起到了引领作用。中国发展绿色"一带一路"，传播生态治理的共商共建共享理念，与越来越多的国家缔结良好生态合作关系，通过"南南合作"为发展中国家提供生态环境保护所需的技术与资金。此外，中国开展的生物多样性保护国际合作惠及众多国家，引领全球生物多样性保护的发展进程，同时凝练土地荒漠化治理的中国经验，点亮全球荒漠化防治的绿色梦想，很大程度上加快了全球生态环境问题的解决进程，也有利于全球生态治理体系与治理能力的完善与发展。过去，中国痛定思痛，以身作则，用实际行动改变了国内恶劣的生态环境；如今，中国展现出大国风范，正在带领全球走上绿色发展道路，发挥建设性的作用；未来，中国将继续携手国际社会建设人类命运共同体，与世界各国和各族人民一道携手共同建设好美丽清洁的地球家园，为实现清洁美丽世界目标做出自身的努力，为全球生态文明建设注入强大的信心和活力。

四、为创造人类文明新形态提供中国范式

回望人类文明的历史长河，人类的文明版图在分合交融中持续推进。从社会生产方式的不同来划分，迄今为止，人类文明大体经历了农业文明、工业文明和生态文明三个大的历史发展阶段，每一个历史阶段的文明呈现出不同的发展样态，由此构成了人类文明发展的多样性和差异性。其中，农业文明是建立在农耕生产方式上的人类文明形态，推崇"大地人和""阴阳调和""天人合一"的观念，具有朴素的生态和谐和生态保护意识。工业文明是建立在大工业生产方式或大机器生产方式上的人类文明发展形态。伴随全球经济的快速增长、人类生活水平的显著提高，工业文明创造了前所未有的物质文明与科技成果，但人类社会也付出了极大的惨痛代价，气候变暖、海洋污染、生物多样性锐减、大气层破坏、荒漠化沙漠化日益严重等，这些深层次危机的出现告诫人类既有社会发展模式不具备可持续性。因此，在工业革命已走过近三百年历程的今天，进一步协调人与自然、人与社会、人与人之间的和谐发展关系，形成互利共赢的新型生态文明，就成为人类文明转型发展的必然趋势。而生态文明的诉求就是要实现对现存工业生产方式的根本性变革，建立一种旨在实现人与自然和谐共生的新的生产方式，这即是说，生态文明是建立在以人与自然共生共荣的生命共同体为基础的人类文明新发展形态。换句话说，生态文明不仅是对工业文明的辩证超越，更是一种与旧的工业文明有本质区别的人类文明的新发展类型。

当前，世界之变、时代之变、历史之变正以前所未有的方式展开，和平赤字、发展赤字、安全赤字、治理赤字不断加重，层出不穷的全球性问题是各国面临的共同挑战，地区之间、国家之间的交流互鉴和合作共赢已经成为国家利益的重要组成部分，也是实现共同安全与和合共生的必然选择。习近平总书记深刻指出："我们坚定站在历史正确的一边、站在人类文明进步的一边，高举和平、发展、合作、共赢旗帜，在坚定维护世界和平与发展中谋求自身发展，又以自身发展更好维护世界和平与发展。"①习近平总书记关于共谋全球生态文明建设的重要论述，摒弃了资本逻辑宰制下自私自利的文明发展旧理念，秉持和平、发展、合作、共赢的文明发展新理念，开创了各文明主体互利共赢、协同并进的新发展图景。马克思主义认为，经济基础决定上层建筑。资产阶级在全球扩张的进程中取得了物质生产的统治地位后，必然要以经济霸权在全球范围内建构自己的政治制度、意识形态和文化样态，即"按照自己的面貌为自己创造出一个世界"②。其结果是，人类文明日益呈现同质性和单向性的特点，同时全球文明发展日益呈现出不平衡和不合理的矛盾状态，财富和财产愈益聚集在少数人手中，东方愈益从属于西方，以致全球文明特别是生态文明发展严重失衡。③从理论上来讲，自然资源是全人类生命延续和生产发展所必需的天然物质基础，但是长期以来，由于资本逻辑大行其道，西方发达国家不仅大肆开发自然资源，而且还利用自身在经济、文化、科技上的优势，通过生态殖民和生态霸权的方式，把触角延伸到广大发展中国家和地区，在全球范围内疯狂掠夺他国自然资源，更有甚者，以技术援助或技术交流等为借口向发展中国家进行污染产业的转移，或以废品再回收工程为借口向发展中国家进行垃圾的倾倒，或为牟取暴利而不顾他国生态利益，向发展中国家倾销高污染

---

① 习近平著作选读(第1卷)[M]. 北京：人民出版社，2023：19.

② 马克思恩格斯文集(第2卷)[M]. 北京：人民出版社，2009：36.

③ 颜晓峰，等. 创造人类文明新形态[M]. 北京：社会科学文献出版社，2022：197.

产品等。① 诚如马克思、恩格斯所言："在真正的历史上，征服、奴役、劫掠、杀戮，总之，暴力起着巨大的作用。但是在温和的政治经济学中，从来就是田园诗占统治地位。"②由此可见，"田园诗"只是表象，"征服、奴役、劫掠、杀戮"才是本质，西方发达国家的生态霸权行径，其实质是其对发展中国家的征服、奴役、劫掠、杀戮行为。在世界百年未有之大变局下，无论是东西方的意识形态对立，抑或世界格局的重新调整，都对人类文明的发展带来了崭新的挑战。有学者指出，"百年未有之大变局"的实质是文明的变局，是人类社会发展既有世界格局下的深层次"地壳运动"：从西方资本主义主导的世界文明秩序，走向构建命运共同体的人类文明新形态。③

　　如何推动世界百年未有之大变局正向发展，使人类社会向着更加光明、更加文明的方向前行，使人类文明向更高层次、更新形态迈进，中国共产党给出了全新的答案，即积极构建人类命运共同体，共同建设人类唯一的地球家园，展现了中国始终做世界和平的建设者、全球发展的贡献者、国际秩序的维护者的时代担当。这一思想主张不仅继承和发展了马克思主义历史观、生态观和文明观，而且深深根植于源远流长、博大精深的中华文明，具有深厚的文明底蕴和悠久的文化传统。习近平总书记指出："中华文明崇尚和谐，中国'和'文化源远流长，蕴涵着天人合一的宇宙观、协和万邦的国际观、和而不同的社会观、人心和善的道德观。"④中国的"和"文化具有丰富的思想内涵，不仅蕴含了古人对人与人的关系、人与自然的关系、人与世界的关系的深刻思考，而且至今仍然对中国经济社会发展、生态文明建设乃至国际生态环境治理产生深远影响。中国扎实推进本

　　①　路日亮，陶蕾锚. 新时代生态文明建设的理论创新［M］. 北京：人民出版社，2022：292-293.

　　②　马克思恩格斯文集(第5卷)［M］. 北京：人民出版社，2009：821.

　　③　杨洪源，等. 构建命运共同体的人类文明［M］. 北京：社会科学文献出版社，2022：170.

　　④　习近平. 论坚持推动构建人类命运共同体［M］. 北京：中央文献出版社，2018：106-107.

国生态文明建设,倡导共建绿色"一带一路",承诺用全球最短的时间如期实现"双碳"目标,并在应对全球气候变化、保护生物多样性、荒漠化沙漠化治理中发挥建设性作用,推动构建地球生命共同体,正是为推动建设清洁美丽世界,共建地球美丽家园所付出的努力实践,并在开辟世界绿色发展的新空间、推动全球生态治理的新发展、服务各国人民美好生活的新贡献中不断取得显著成效。概而言之,构建人类命运共同体的思想主张,在引领经济全球化和全球生态文明建设的同时,也在引领人类文明的全面转型,为回应和破解新世纪人类社会面临的共同难题,为实现人类进步与文明发展指明了新的思想维度和行动方向。

值得一提的是,在百年未有之大变局和中华民族伟大复兴的战略全局的同步交织、相互激荡的历史征程中,中国特色社会主义的开创、坚持和发展具有重要的文明意义。相较于资本主义文明,社会主义文明内蕴的实现人的自由全面发展更契合人类文明新形态的价值旨归。毋庸置疑的是,资本主义曾经以生产力的迅猛发展和世界市场的开拓写下了资本主宰世界的现代化文明,但是囿于资本贪婪和逐利的本性,最终也决定了资本主义的发展只能是片面的、畸形的发展。资本主义文明内在无法克服的矛盾和局限,最终也意味着必然被更先进更高级的社会主义文明所代替。人类文明新形态包含物质文明、政治文明、精神文明、社会文明、生态文明五个方面的基本内容,物质文明、政治文明、精神文明、社会文明、生态文明共同支撑起人类文明新形态的内在结构,"五个文明"协调发展是人类文明新形态的最鲜明的特质。这"五个文明"并不是一开始就存在的,而是存在一个不断演进和丰富发展的过程。作为文明有机体,人类文明新形态也是中国共产党积极建构的理论成果,从辩证统一的"两个文明"到相互融通的"三个文明",从全面进步的"四个文明"到协调发展的"五个文明",人类文明新形态的轮廓逐步清晰。① 其中,统筹市场调节和国家宏观调控,书

---

① 颜晓峰,等. 创造人类文明新形态[M]. 北京:社会科学文献出版社,2022:132.

写人类经济史上的奇迹，创造出高度发达，致力于全体人民共同富裕的物质文明；坚持走中国特色社会主义民主发展道路，为世界贡献了中国特色的全过程人民民主，创造出真正体现人民当家做主的政治文明；坚持中华优秀传统文化的创新性转化和创新性发展，吸纳人类文明一切优秀成果，创造出高度自信的精神文明；持续推进国家治理体系和治理能力现代化，维护社会公平正义，创造出共建共治共享的社会文明；积极践行"绿水青山就是金山银山"的理念，建立起系统完备的生态文明制度体系，坚持共谋全球生态文明建设，创造出人与自然和谐共生的生态文明，"五个文明"相互支撑，共同进步，推动人类文明新形态步入协调发展的康庄大道。诚如习近平总书记所说的那样："我们坚持和发展中国特色社会主义，推动物质文明、政治文明、精神文明、社会文明、生态文明协调发展，创造了中国式现代化新道路，创造了人类文明新形态。"①由此可见，"五大文明"的协调发展，人类文明新形态的创造，不仅开启了中华文明发展的新时代，同时也开启了人类文明发展的新纪元。在可以预见的将来，人类文明新形态的建设和发展，必将引领人类历史的前进方向与人类文明的前进方向。

---

① 习近平. 在庆祝中国共产党成立 100 周年大会上的讲话[N]. 人民日报，2021-07-02(2).

参 考 文 献

原著专著类

[1]马克思恩格斯文集(第1卷)[M].北京：人民出版社，2009.

[2]马克思恩格斯文集(第2卷)[M].北京：人民出版社，2009.

[3]马克思恩格斯文集(第3卷)[M].北京：人民出版社，2009.

[4]马克思恩格斯文集(第5卷)[M].北京：人民出版社，2009.

[5]马克思恩格斯文集(第6卷)[M].北京：人民出版社，2009.

[6]马克思恩格斯文集(第7卷)[M].北京：人民出版社，2009.

[7]马克思恩格斯文集(第8卷)[M].北京：人民出版社，2009.

[8]马克思恩格斯文集(第9卷)[M].北京：人民出版社，2009.

[9]马克思恩格斯全集(第19卷)[M].北京：人民出版社，1963.

[10]马克思恩格斯全集(第26卷)[M].北京：人民出版社，1974.

[11]马克思恩格斯全集(第39卷)[M].北京：人民出版社，1974.

[12]马克思恩格斯全集(第40卷)[M].北京：人民出版社，1982.

[13]毛泽东选集(第3卷)[M].北京：人民出版社，1991.

[14]邓小平文选(第3卷)[M].北京：人民出版社，1993.

[15]习近平谈治国理政[M].北京：外文出版社，2014.

[16]习近平谈治国理政(第二卷)[M].北京：外文出版社，2017.

[17]习近平谈治国理政(第三卷)[M].北京：外文出版社，2020.

［18］习近平谈治国理政(第四卷)［M］.北京：外文出版社，2022.

［19］习近平.论坚持人与自然和谐共生［M］.北京：中央文献出版社，2022.

［20］习近平著作选读(第 1 卷)［M］.北京：人民出版社，2023.

［21］习近平著作选读(第 2 卷)［M］.北京：人民出版社，2023.

［22］习近平.摆脱贫困［M］.福州：福建人民出版社，1992.

［23］习近平.之江新语［M］.杭州：浙江人民出版社，2007.

［24］中共中央文献研究室.习近平关于社会主义生态文明建设论述摘编［M］.北京：中央文献出版社，2017.

［25］中共中央宣传部.习近平新时代中国特色社会主义思想学习纲要［M］.北京：学习出版社，人民出版社，2019.

［26］中共中央宣传部，中华人民共和国生态环境部.习近平生态文明思想学习纲要［M］.北京：学习出版社，人民出版社，2022.

［27］中共中央关于党的百年奋斗重大成就和历史经验的决议［M］.北京：人民出版社，2021.

［28］本书编写组.《中共中央关于全面推进依法治国若干重大问题的决定》辅导读本［M］.北京：人民出版社，2014.

［29］中央党校采访实录编辑室.习近平的七年知青岁月［M］.北京：中共中央党校出版社，2017.

［30］《梁家河》编写组.梁家河［M］.西安：陕西人民出版社，2018.

［31］中央党校采访实录编辑室.习近平在正定［M］.北京：中共中央党校出版社，2019.

［32］中央党校采访实录编辑室.习近平在厦门［M］.北京：中共中央党校出版社，2020.

［33］中央党校采访实录编辑室.习近平在宁德［M］.北京：中央党校出版社，2020.

［34］中央党校采访实录编辑室.习近平在福州［M］.北京：中共中央党校出版社，2020.

[35]本书编写组. 干在实处 永立潮头：习近平浙江足迹[M]. 北京：人民出版社；杭州：浙江人民出版社，2022.

[36]本书编写组. 闽山闽水物华新：习近平福建足迹（上）[M]. 北京：人民出版社；福州：福建人民出版社，2022.

[37]本书编写组. 闽山闽水物华新：习近平福建足迹（下）[M]. 北京：人民出版社；福州：福建人民出版社，2022.

[38][美]菲利普·克莱顿，贾斯廷·海因泽克. 有机马克思主义——生态灾难与资本主义的替代选择[M]. 孟献丽，于桂凤，张丽霞，译. 北京：人民出版社，2015.

[39][英]特德·本顿. 生态马克思主义[M]. 曹荣湘，李继龙，译. 北京：社会科学文献出版社，2013.

[40][美]约翰·罗尔斯. 正义论[M]. 何怀宏，何包钢，廖申白，译. 北京：中国社会科学出版社，2009.

[41][美]莱斯特·R. 布朗. 生态经济：有利于地球的经济构想[M]. 林自新，戢守志，等，译. 北京：东方出版社，2002.

[42][美]丹尼尔·A. 科尔曼. 生态政治：建设一个绿色社会[M]. 梅俊杰，译. 上海：上海译文出版社，2002.

[43][德]汉斯·萨克塞. 生态哲学[M]. 文韬，佩云，译. 北京：东方出版社，1991.

[44]曲格平，彭近新. 环境的觉醒：人类环境会议和中国第一次环境保护会议[M]. 北京：中国环境科学出版社，2010.

[45]汪信砚，周可，刘秉毅. 新时代马克思主义哲学中国化[M]. 北京：人民出版社，2024.

[46]韩庆祥. 中国式现代化开创人类文明新形态[M]. 杭州：浙江人民出版社，2024.

[47]王雨辰，等. 人与自然和谐共生关系的生态哲学阐释与中国生态文明发展道路研究[M]. 北京：人民出版社，2023.

[48]黄承梁. 生态文明体系论[M]. 北京：中国社会科学出版

社，2023.

[49]郎廷建. 作为生产关系正义的生态正义研究[M]. 北京：中国社会科学出版社，2023.

[50]戴圣鹏. 人与自然和谐共生的生态文明[M]. 北京：社会科学文献出版社，2022.

[51]叶冬娜. 中国特色社会主义生态文明建设研究[M]. 北京：人民出版社，2022.

[52]颜晓峰，等. 创造人类文明新形态[M]. 北京：社会科学文献出版社，2022.

[53]杨洪源，等. 构建命运共同体的人类文明[M]. 北京：社会科学文献出版社，2022.

[54]路日亮，陶蕾韬. 新时代生态文明建设的理论创新[M]. 北京：人民出版社，2022.

[55]黑晓卉，尹洁. 新时代中国特色社会主义生态文明思想研究[M]. 北京：人民出版社，2022.

[56]杨开忠. 中国的生态文明建设之路[M]. 北京：社会科学文献出版社，2022.

[57]钱易，温宗国，等. 新时代生态文明建设总论[M]. 北京：中国环境出版集团，2021.

[58]宫长瑞. 新时代生态文明建设与实践研究[M]. 北京：人民出版社，2021.

[59]包存宽. 生态兴则文明兴：党的生态文明思想探源与逻辑[M]. 上海：上海人民出版社，2021.

[60]江丽. 马克思恩格斯生态文明思想及其中国化演进研究[M]. 武汉：武汉大学出版社，2021.

[61]张云飞，任玲. 新中国生态文明建设的历程和经验研究[M]. 北京：人民出版社，2020.

[62]张云飞，周鑫. 中国生态文明新时代[M]. 北京：中国人民大学

出版社，2020.

[63]王雨辰. 生态文明与文明的转型[M]. 武汉：崇文书局，2020.

[64]钱易，李金惠. 生态文明建设理论研究[M]. 北京：科学出版社，2020.

[65]刘海霞. 马克思主义生态文明思想及中国实践研究[M]. 北京：中国社会科学出版社，2020.

[66]郎廷建. 马克思主义生态观研究[M]. 北京：中国社会科学出版社，2020.

[67]曹立，国兆辉. 讲述生态文明的中国故事[M]. 北京：人民出版社，2020.

[68]张云飞，任玲. 新中国生态文明建设的历程和经验研究[M]. 北京：人民出版社，2020.

[69]蔡昉，潘家华，王谋，等. 新中国生态文明建设70年[M]. 北京：中国社会科学出版社，2020.

[70]潘家华，等. 生态文明建设的理论构建与实践探索[M]. 北京：中国社会科学出版社，2019.

[71]秦书生. 中国共产党生态文明思想的历史演进[M]. 北京：中国社会科学出版社，2019.

[72]曹前发. 建设美丽中国：新时代生态文明建设理论与实践[M]. 北京：人民教育出版社，2019.

[73]黄承梁. 新时代生态文明建设思想概论[M]. 北京：人民出版社，2018.

[74]张云飞，李娜. 开创社会主义生态文明新时代[M]. 北京：中国人民大学出版社，2017.

[75]杨莉. 中国特色社会主义生态思想研究[M]. 北京：红旗出版社，2016.

[76]郝清杰，杨瑞，韩秋明. 中国特色社会主义生态文明建设研究[M]. 北京：中国人民大学出版社，2016.

[77]范溢娉. 生态文明启示录[M]. 北京：中国环境出版社，2016.

[78]李宏伟. 马克思主义生态观与当代中国实践[M]. 北京：人民出版社，2015.

[79]陈翠芳. 生态文明视野下科技生态化研究[M]. 北京：中国社会科学出版社，2014.

学术期刊类

[1]秦书生，王新钰. 新时代我国生态文明制度建设的成就、经验与展望[J]. 湖南大学学报(社会科学版)，2024(2).

[2]李包庚. 走向生态正义的人类命运共同体[J]. 马克思主义研究，2023(3).

[3]肖兰兰. 习近平关于共谋全球生态文明建设重要论述的科学体系[J]. 思想教育研究，2023(10).

[4]汪信砚. 论习近平生态文明思想[J]. 中南民族大学学报(人文社会科学版)，2023(10).

[5]郇庆治. 习近平生态文明思想的科学体系研究[J]. 马克思主义与现实，2023(1).

[6]杨艳，谷树忠. 科学系统推进山水林田湖草沙一体化保护与治理[J]. 中国经济报告，2023(2).

[7]刘海军，秦书生. 共谋全球生态文明建设：生成逻辑、核心要义与世界意义[J]. 东北大学学报(社会科学版)，2023(1).

[8]万伦来，胡颖. 习近平关于全球生态文明建设重要论述的四重向度[J]. 南京工程学院学报(社会科学版)，2023(1).

[9]王雨辰. 论习近平生态文明思想的原创性贡献及其当代价值[J]. 中国地质大学学报(社会科学版)，2022(5).

[10]王雨辰，余佳樱. 论习近平生态文明思想中的理论创新和实践创新[J]. 学习与实践，2022(10).

[11]郇庆治. 习近平生态文明思想的理论与实践意义[J]. 马克思主义

理论学科研究, 2022(3).

[12]王艳峰, 吴晶晶. 习近平生态文明思想的原创性贡献[J]. 科学社会主义, 2022(3).

[13]郭亚军, 冯宗宪. "绿水青山就是金山银山"的辩证关系及发展路径[J]. 西北农林科技大学学报(社会科学版), 2022(1).

[14]张云飞, 李娜. 习近平生态文明思想的系统方法论要求——坚持全方位全地域全过程开展生态文明建设[J]. 中国人民大学学报, 2022(1).

[15]谢延洵. 习近平生态民生观的生成逻辑、理论内涵与实现路径[J]. 哈尔滨工业大学学报(社会科学版), 2022(2).

[16]张云飞, 李娜. 坚持山水林田湖草沙冰系统治理[J]. 城市与环境研究, 2022(1).

[17]杨英姿. 再论习近平生态文明思想的原创性贡献[J]. 哈尔滨工业大学学报(社会科学版), 2022(5).

[18]秦天宝. 习近平法治思想关于生态文明建设法治保障的重要论述：整体系统观的视角[J]. 政法论坛, 2022(5).

[19]郇庆治. 论习近平生态文明思想的形成与发展[J]. 鄱阳湖学刊, 2022(4).

[20]罗琼. "绿水青山"转化为"金山银山"的实践探索、制约瓶颈与突破路径研究[J]. 理论学刊, 2021(2).

[21]罗志勇. 习近平生态文明思想中的生态民生观[J]. 南京林业大学学报(人文社会科学版), 2021(6).

[22]高帅, 孙来斌. 习近平生态文明思想的创造性贡献——基于马克思主义生态观基本原理的分析[J]. 江汉论坛, 2021(1).

[23]樊奇. 中国共产党建党百年来"山水林田湖草沙"系统治理思想的发展逻辑和启示[J]. 鄱阳湖学刊, 2021(2).

[24]李铁英, 周传金. 习近平生态全球观的生成逻辑、科学内涵及现实践履探论[J]. 青海社会科学, 2021(5).

[25]龚天平, 饶婷. 习近平生态治理观的环境正义意蕴[J]. 武汉大学

学报(哲学社会科学版),2020(1)

[26]丁金光,徐伟. 共谋全球生态文明建设是习近平生态文明思想的重要组成部分[J]. 东岳论丛,2020(11).

[27]董战峰,张哲予,杜艳,等. "绿水青山就是金山银山"理念实践模式与路径探析[J]. 中国环境管理,2020(5).

[28]吴舜泽. 深刻理解"绿水青山就是金山银山"发展理念的科学内涵[J]. 党建,2020(5).

[29]王景通,林建华. "金山银山"与"绿水青山"关系的逻辑理路[J]. 学习与探索,2019(6).

[30]李桂花,杜颖. "绿水青山就是金山银山"生态文明理念探析[J]. 新疆师范大学学报(哲学社会科学版),2019(4).

[31]杨莉,刘海燕. 习近平"两山理论"的科学内涵及思维能力的分析[J]. 自然辩证法研究,2019(10).

[32]沙占华,冯雪艳. 习近平新时代生态民生观的形成理路与思维方法探究[J]. 中共石家庄市委党校学报,2019(5).

[33]成金华,尤喆. "山水林田湖草是生命共同体"原则的科学内涵与实践路径[J]. 中国人口·资源与环境,2019(2).

[34]李磊. 加强生态文明建设的法治保障[J]. 中国党政干部论坛,2019(10).

[35]陈翠芳,李小波. 生态文明建设的主要矛盾及中国方案[J]. 湖北大学学报(哲学社会科学版),2019(6).

[36]郇庆治. 生态文明及其建设理论的十大基础范畴[J]. 中国特色社会主义研究,2018(4).

[37]张云飞. "绿水青山就是金山银山"的丰富内涵和实践途径[J]. 前线,2018(4).

[38]张叶,殷文贵. 习近平生态民生思想探要[J]. 山西高等学校社会科学学报,2018(9).

[39]蔡华杰. 社会主义生态文明的制度构架及其过渡[J]. 中国生态文

明，2018(5).

[40]杨晶，陈永森.生态文明建设的中国方案及其世界意义[J].东南学术，2018(5).

[41]杨英姿.社会主义生态文明话语体系的构成[J].中国生态文明，2018(5).

[42]张永红.习近平生态民生思想探析[J].马克思主义研究，2017(3).

[43]赵建军，杨博."绿水青山就是金山银山"的哲学意蕴与时代价值[J].自然辩证法研究，2015(12).

学位论文类

[1]钱正元.基于整体性视域的习近平生态文明思想研究[D].扬州：扬州大学，2023.

[2]黄以胜.习近平生态文明思想研究 ——基于社会主义制度优越性视域[D].南昌：江西师范大学，2023.

[3]贺绍芬.习近平生态文明思想及其价值研究[D].长春：吉林大学，2023.

[4]佟玲.习近平生态文明思想及践行研究[D].长春：东北师范大学，2022.

[5]汪燕.习近平对马克思恩格斯生态思想的发展研究[D].重庆：重庆交通大学，2023.

[6]王嘉枫.习近平生态文明思想的哲学意蕴研究[D].兰州：兰州理工大学，2023.

[7]陈园园.习近平全球生态文明建设重要论述梳理与研究[D].绵阳：西南科技大学，2023.

[8]周灵.习近平生态文明思想中的思维方式阐释[D].贵阳：贵州大学，2023.

[9]肖海琴.习近平生态文明思想的历史唯物主义阐释[D].南昌：江

西师范大学，2023.

[10]李青. 习近平生态民生观研究[D]. 南昌：东华理工大学，2023.

[11]高圆圆. 习近平生态文明思想的逻辑体系研究[D]. 镇江：江苏大学，2022.

[12]颜凯敏. 习近平"人与自然和谐共生"理念研究[D]. 上海：上海财经大学，2023.

[13]肖显显. 习近平生态文明思想研究[D]. 济南：中共山东省委党校，2023.

[14]周岳. 习近平人与自然生命共同体理念研究[D]. 合肥：中国科学技术大学，2023.

[15]何亚蓉. 习近平生态文明思想及其时代价值研究[D]. 兰州：兰州理工大学，2023.

[16]郭琳. 习近平共建生态良好的地球家园论述研究[D]. 济南：山东大学，2022.

[17]王占瑜. 习近平生态文明思想演进历程研究[D]. 大连：大连海洋大学，2022.

[18]张洪玮. 习近平生态文明思想的理论体系和时代价值研究[D]. 长春：吉林大学，2022.

[19]谷欣萍. 习近平生态文明思想生成逻辑研究[D]. 合肥：安徽大学，2022.

[20]王蓉. 习近平新时代民生建设重要论述研究[D]. 北京：北京交通大学，2021.

[21]彭蕾. 习近平生态文明思想理论与实践研究[D]. 西安：西安理工大学，2020.

[22]刘涵. 习近平生态文明思想研究[D]. 长沙：湖南师范大学，2019.

[23]马德帅. 习近平新时代生态文明建设思想研究[D]. 长春：吉林大学，2019.

［24］黑晓卉. 习近平生态文明思想研究［D］. 西安：西安理工大学，2019.

［25］吕锦芳. 习近平生态文明思想的逻辑分析［D］. 沈阳：东北大学，2018.

［26］董洪光. 我国生态文明建设中的法制建设研究［D］. 锦州：渤海大学，2018.

［27］李艳芳. 习近平生态文明建设思想研究［D］. 大连：大连海事大学，2018.

报纸类

［1］张建文，龚苾涵. 以生态文明建设赋能黄河流域高质量发展［N］. 光明日报，2024-07-04（11）.

［2］全面推进美丽中国建设 加快推进人与自然和谐共生的现代化［N］. 人民日报，2023-07-19（1）.

［3］本报评论员. 继续推进生态文明建设要正确处理几个重大关系［N］. 人民日报，2023-07-21（1）.

［4］李海生. 建设绿色智慧的数字生态文明［N］. 人民日报，2023-12-01（9）.

［5］任南琪. 数字化赋能生态文明建设［N］. 人民日报，2023-12-01（9）.

［6］林智钦. 数字化与绿色化深度融合为人与自然和谐共生的现代化提供有力科技支撑［N］. 人民日报，2023-12-01（9）.

［7］为促进人类社会可持续发展贡献中国智慧［N］. 人民日报，2023-07-20（2）.

［8］刘毅. 美丽中国建设迈出重大步伐［N］. 人民日报，2022-09-16（6）.

［9］郇庆治. 开辟马克思主义人与自然关系理论新境界［N］. 人民日报，2022-07-18（11）.

［10］赵建军. 中华优秀传统生态文化的创造性转化创新性发展［N］. 人民日报，2022-07-18（11）.

[11]郇庆治. 习近平生态文明思想与生态文明建设[N]. 中国社会科学报，2022-08-29(10).

[12]张云飞. 建构中国自主的生态文明知识体系[N]. 人民日报，2022-07-18(11).

[13]刘湘平. 深刻理解"人与自然是生命共同体"的丰富内涵[N]. 中国社会科学报，2021-05-27(3).

[14]商志晓. 理论需要与理论实现[N]. 光明日报，2020-10-19(15).

[15]赵鹏. 用法治提升生态文明制度效能[N]. 北京日报，2020-04-27(10).

[16]李干杰. 加强生态环境保护 建设美丽中国[N]. 经济日报，2017-12-04(5).

[17]李干杰. 牢固树立社会主义生态文明观[N]. 学习时报，2017-12-08(1).

后　记

2018 年 5 月 18 日至 19 日(即"5·18讲话"),习近平总书记在全国生态环境保护大会上发表重要讲话,对新时代生态文明建设的理论基础、指导原则和行动指南进行了详细论述,深刻回答了新时代为什么建设生态文明、建设什么样的生态文明、怎样建设生态文明等一系列重大理论和实践问题,由此正式确立了"习近平生态文明思想",为新时代我国生态文明建设提供了根本遵循和行动指南,也开辟了人类可持续发展理论和实践的新境界,成为习近平新时代中国特色社会主义思想的重要组成部分。习近平总书记在这次讲话中深刻指出,新时代加强生态文明建设,必须坚持好以下原则,即"六项原则",一是坚持人与自然和谐共生,二是绿水青山就是金山银山,三是良好生态环境是最普惠的民生福祉,四是山水林田湖草是生命共同体,五是用最严格制度最严密法治保护生态环境,六是共谋全球生态文明建设。2020 年,本人申报的项目获得湖北省社会科学基金一般项目"马克思恩格斯生态文明思想及其中国化演进研究"(项目编号:2020Z009)的资助,2022 年,本人获得华中农业大学马克思主义学院青年教师科研项目"习近平生态文明思想的原创性理论贡献研究"的资助(项目编号:140522019),本书稿是上述课题的最终研究成果之一。

在构思和拟定书稿内容框架的过程中,笔者在查阅文献资料的过程中发现,目前的官方文件以及出版的专著对习近平生态文明思想有着不同的维度界定和内容结构界定。如,2017 年 9 月出版的《习近平关于社会主义生态文明建设论述摘编》，将其归纳为七个方面，其中后六个方面和"六项原则"是基本吻合的，第一个方面从社会主要矛盾的变化、西方工业文明进程中引发的环境公害、中华文明史等多维视角阐明建设生态文明的重要性，只是在"5·18讲话"中第一部分"深刻认识加强生态文明建设的重大意义"以及阐述"六项原则"之前均对此进行了更加简略和凝练的表达。2018年6月发布的《中共中央国务院关于全面加强生态环境保护　坚决打好污染防治攻坚战的意见》提出了"八个坚持"，2019年3月出版的《推进生态文明　建设美丽中国》，将习近平生态文明思想概括为"八个坚持"。"八个坚持"与"六项原则"相比，增加了"坚持生态兴则文明兴"和"坚持建设美丽中国全民行动"两项，其余内容基本维持未变。其中，第一项与"5·18讲话"第一部分"深刻认识加强生态文明建设的重大意义"第三段的内容基本吻合；第二项与"5·18讲话"第二部分第三个坚持即"良好生态环境是最普惠的民生福祉"中后半部分的内容基本吻合。2019年6月出版的《习近平新时代中国特色社会主义思想学习纲要》，其中第十三个问题"建设美丽中国——关于新时代中国特色社会主义生态文明建设"，将其归纳为五个方面，并没有把"5·18讲话"中的最后一个原则"共谋全球生态文明建设"涵盖其中。2022年7月出版的《习近平生态文明思想学习纲要》，明确指出，习近平生态文明思想系统阐释了人与自然、保护与发展、环境与民生，国内与国际等关系，就其主要方面来讲，集中体现为"十个坚持"。"十个坚持"相比"八个坚持"，增加了"坚持党对生态文明建设的全面领导"和"坚持绿色发展是发展观的深刻革命"两项，还有两项内容略有变化和更新，把"坚持山水林田湖草是生命共同体"换成"坚持统筹山水林田湖草沙系统治理"，增加了"沙"这一生态系统；把"坚持建设美丽中国全民行动"换成"坚持把建设美丽中国转化为全体人民自觉行动"。事实上，新增的第一项即"5·18讲话"第四部分的内容，此次把党的领导放在"十个坚持"的首位，这是党的执政能力现代化与执政理念生态化转向的必然结果，是新时代大力推进生态文明建设的根本保证。第二项与"5·18讲话"第二部分第二个坚持即"绿水青山就是金山银山"中后半部分内容基本吻合，使用"深刻革命"一词寓意"绿色革命"或"生态革命"是要彻底摆脱不可持续的生产和生活方式，促进经济社会发展的全面绿色转型。由此可以得出，无论是"八个坚持"还是"十个坚持"，都是在"六项原则"基础上的进一步拓展和延伸。以上种种列举，有一个共性，都是来自人民出版社、学习出版社、中央文献出版社等中央权威出版社组织编写的重要文献资料，至于理论界和学术界的阐释和解读更是仁者见仁、智者见智。忠于文本是开展理论研究工作的基本功，更是确保论断科学性的有效途径。通过以上分析可以较为清晰地得出，无论是"八个坚持"抑或"十个坚持"，与"六大原则"之间难免存在部分交叉、重叠等现象。我们认为，将习近平生态文明思想的内容结构限制在"八个坚持"或"十个坚持"方面都是欠妥当的，原因在于这些概括均不是习近平总书记本人的直接表述，而是来自他人解读和阐释的间接表达。基于此，我们认为，习近平生态文明思想的内容结构应以"5·18讲话"提出的"六大原则"为基准，这一讲话后来发表在2019年第3期《求是》上，题目是《推动我国生态文明建设迈上新台阶》，该文第二部分阐述了加强生态文明建设必须坚持的六项原则。这"六项原则"在2020年出版的《习近平谈治国理政》第3卷第359～364页、2022年出版的《论坚持人与自然和谐共生》第8～14页以及2023年出版的《习近平著作选读》第二卷第169～175页均有明确表述。需要说明的是，我们在拟定"六大原则"作为书稿的基本架构时，对其他提法还进行了整合、加强和充实，如将"生态兴则文明兴、生态衰则文明衰"作为生态环境与人类文明之间共生共荣的一个视角并入第一章《科学自然观：坚持人与自然和谐共生》第三节中，在行文时从人类文明史的高度阐明"坚持人与自然和谐共生"的重要性。将"坚持绿色发展是发展观的深刻革命"这一维度并入"绿水青山就是金山银山"相关论述中，二者本质上而言都是关于绿色发展观的不同表述而已，只是前者更侧重强调绿色发展观的根本性变革，后者采用的是一种具象化和易于传播的方式来阐述绿色发展的新理念、新论断和新思想。此外，对"坚持把建设美丽中国转化为全体人民自觉行动"这一维度进行了转化，作为第五章《严密法治观：用最严格制度最严密法治保护生态环境》第

二节中生态文明制度供给下"建立健全生态文明公众参与制度"的视角加以
阐明。

　　值得一提的是，作为习近平新时代中国特色社会主义思想的重要组成
部分的习近平生态文明思想，随着中国特色社会主义实践进程的不断展
开，二者无论是在理论的广度还是在深度上都处于不断发展和更新中。在
2022 年初拟书稿的基本框架以及之后撰写书稿的过程中，随着习近平总书
记对生态文明建设相关论述的不断增加，以及习近平生态文明思想相关文
献资料的不断更新，笔者在书稿撰写过程中也进行了大量的学习思考，并
将其吸纳到书稿的撰写和后期的修改完善中。如，2022 年 1 月出版的《论
坚持人与自然和谐共生》，收录了新时代十年来习近平总书记关于生态文
明建设的主要文稿近 80 篇，又如，2022 年 7 月，由中共中央宣传部、中
华人民共和国生态环境部共同编写的《习近平生态文明思想学习纲要》正式
出版，该书系统阐释了习近平生态文明思想的基本精神、基本内容、基本
要求，这些均是开展习近平生态文明思想研究的重要理论参考。同年 10
月，我们迎来了党的二十大的召开，为了体现党的二十大精神和习近平生
态文明思想的最新发展，本人在撰写书稿的过程中都对其进行了吸纳。
2023 年 7 月 17—18 日，我们还迎来了时隔五年之后的第二次全国生态环
境保护大会的召开，习近平总书记全面总结了我国生态文明建设取得的巨
大成就，深入分析了当前生态文明建设面临的任务挑战，深刻阐述了新征
程上推进生态文明建设需要处理好的重大关系，系统部署了全面推进美丽
中国建设的战略任务和重大举措。2024 年 1 月 11 日，中共中央、国务院
联合发布的《中共中央　国务院关于全面推进美丽中国建设的意见》，聚焦
美丽中国建设的目标路径、重点任务、重大政策，并提出细化举措，是新
时代新征程开启全面推进美丽中国建设新篇章的纲领性文献，这些均适当
增添进本书相关章节之中。

　　在本课题的研究过程中，特别是在书稿的撰写和修改的整个过程中，
我们还参阅了清华大学钱易教授等主编的《新时代生态文明丛书》这套力
作，特别是其中的五本：《新时代生态文明建设总论》《生态文明体制改革

与制度创新》《新时代生态文明建设探索示范》《自然生态系统保护与生态文明》《生态文化与传播》，本人均对其作了重点阅读和摘录批注，另外还参阅了颜晓峰教授、杨群等主编的《人类文明新形态研究丛书》的相关著作，其中天津大学颜晓峰教授等著的《创造人类文明新形态》、华中师范大学青年学者戴圣鹏所著的《人与自然和谐共生的生态文明》以及中国社会科学院青年学者杨洪源等著的《构建命运共同体的人类文明》均对本书稿的写作修改提供了灵感迸发和视野拓展。本书稿是在课题组的通力协作下完成的，也得益于学院领导和教授们的大力支持和指导帮助。为此，特别感谢导师贺祥林教授对我博士研究生阶段学习的悉心指导和无私帮助，为我现在的研究奠定了良好的学术基础。感谢学院领导和同事们的关心、鼓励和指导，感谢学院学术著作出版基金的赞助，感谢学院胡丰顺副院长对本书的出版所给予的大力支持。感谢武汉大学出版社聂勇军编辑，本书得以顺利出版，与他的严谨态度、敬业精神和辛勤劳动是密不可分的。

习近平生态文明思想内涵丰富、思想深刻，是马克思主义生态思想与中国生态文明建设实践相结合、同中华优秀传统生态文化相结合的重大理论成果，囿于学识和研究水平所限，在阐释理解和领悟能力上还存在着较大差距，本书难免存在诸多不足和欠缺之处，恳请广大读者和专家学者不吝赐教！

江丽

2024 年 7 月 1 日